• *Colección Cien x 100 – 20* •

100 cuestiones de matemáticas

Descubre su cara más amable

Miquel Capó Dolz

ediciones Lectio

Primera edición: febrero de 2016

9 Grupo Editorial
Lectio Ediciones
C/ Muntaner, 200, ático 8ª – 08036 Barcelona
Tel. 977 60 25 91 – 93 363 08 23
lectio@lectio.es
www.lectio.es

Diseño y composición: Imatge-9, SL

Impresión: Romanyà-Valls, SA

ISBN: 978-84-16012-42-8

DL T 11-2016

#ORGULLOSO_DE_MIS_**MAESTROS**:

Joan M., Joan C., Juanjo T., M. Olga B., Nuri P., Antoni J. y Claudi A.

A ellos va dedicado este libro.

ÍNDICE

PRÓLOGO

Las matemáticas son una ciencia que no deja indiferente a nadie, se está con ellas o contra ellas. Muchas personas les tienen un pánico irracional, posiblemente originado en su época escolar, cuando tenían que superar unos exámenes entendiesen o no lo que se les estaba explicando. Desgraciadamente, este pánico se ha universalizado tanto y se ha hecho tan "normal" que muchas personas llegan a hacer gala de su ignorancia matemática. Más de una vez he podido escuchar cosas del tipo: "Haz tú el cálculo, que yo soy de letras". Debo confesar que no puedo comprender este tipo de razonamientos. Sería como decir: "Escribe este libro tú, que yo soy de ciencias".

Otros argumentos recurrentes son: "Esto no sirve para nada", "Para hacer esto ya están los ordenadores" o "Las matemáticas son muy aburridas".

Así que, para intentar desmontar todos estos mitos y prejuicios, me he animado a escribir este libro. Por medio de 100 cuestiones el lector podrá comprobar que las matemáticas son muy útiles: son la base del buscador más famoso, Google; nos ayudan a determinar nuestro número de DNI; fijaron el calendario gregoriano; nos permiten repartir los escaños después de unas elecciones; son la base de toda la informática y la tecnología actual; nos permiten comprar con seguridad a través de Internet... Pero también pueden ser entretenidas: anécdotas de matemáticas y matemáticos, problemas de lógica e ingenio, magia matemática, problemas numéricos al estilo del famoso sudoku, etc.

Las limitaciones de espacio que me ha impuesto la editorial en el desarrollo de cada uno de los capítulos también han contribuido a sintetizar su exposición y a no hacerla innecesariamente larga o pesada. Aunque, si algún tema te interesa especialmente y quieres seguir informándote, en el blog encontrarás libros, enlaces y vídeos con los cuales podrás ampliar conocimientos:

http://www.100cuestionesdematematicas.blogspot.com.es/

Aunque cualquier error es enteramente responsabilidad mía, me gustaría agradecer a uno de mis profesores, Antoni Julià, el interés que ha demostrado y sigue demostrando por todos mis libros. Gracias a su atenta lectura y a sus correcciones y sugerencias, el libro que tienes en las manos ha mejorado respecto a la versión original. Muchas gracias, Toni.

Así pues, solamente me queda desear que este libro ponga un granito de arena en la lucha en la cual muchos matemáticos y matemáticas estamos embarcados para hacer ver que las matemáticas son mucho más que lo que se explica en los colegios e institutos.

¡Anímate a conocer la cara más amable de esta ciencia!

MIQUEL CAPÓ DOLZ
Profesor de Secundaria

I. NÚMEROS Y TIPOS DE NÚMEROS...

01 / 100

SISTEMAS DE NUMERACIÓN. SISTEMAS NO POSICIONALES

Si nos imaginamos que intentamos calcular el resultado de la suma 1.347.834 + 2.148.458 utilizando el método de numeración de un preso (es decir, contar utilizando solamente cuatro líneas verticales cruzadas por una quinta línea), de repente se nos acabarán las ganas de hacerlo y, en caso contrario, es probable que nos equivoquemos antes de obtener el resultado correcto. Por suerte, se han inventado métodos mejores que el sistema al que hemos llamado *método del preso* para representar números y para poder operar con ellos. A estos métodos se los conoce como *sistemas de numeración* y a continuación estudiaremos brevemente algunos de ellos.

Antes de seguir deberíamos dar una definición un poco más exacta de qué se entiende por *método de numeración*. En términos generales, podríamos decir que un *sistema de numeración* es un conjunto de métodos y convenciones que permiten escribir y nombrar cualquier número natural y, por extensión, el resto de números, además de operar con ellos.

Los sistemas de numeración se pueden clasificar en *posicionales* y *no posicionales*.

Los *sistemas no posicionales* son aquellos en los que cada número está determinado por un conjunto de símbolos cuyo valor es independiente de la posición que ocupen dentro del número.

Por el contrario, los *sistemas posicionales* son aquellos en los que el valor de cada símbolo que forma el número depende del propio símbolo y de la posición que dicho símbolo ocupe dentro del mismo.

Para poder entenderlo mejor, pondremos algunos ejemplos. Un ejemplo de sistema de numeración no posicional es el egipcio, que utilizaba los símbolos que puedes ver a continuación:

Valor	1	10	100	1.000	10.000	100.000	1 millón (o infinito)
Símbolo	𓏺	𓎆	𓍢	𓆼	𓂭	𓆐	𓁨

Así, para expresar el número 3.241 en este sistema no se tenía que hacer otra cosa que ir añadiendo (sumando) los símbolos adecuados hasta obtener el valor en cuestión:

3241= 𓆼𓆼𓆼 𓍢𓍢 𓎆𓎆𓎆𓎆 𓏺

El sistema de numeración romano también es una variante de un sistema de numeración no posicional, aunque es un poco más complejo, ya que en determinadas situaciones, además de sumar, se permite hacer algunas restas. Dado que las reglas y limitaciones que presenta este sistema son un poco largas, nos limitaremos a dar una tabla de valores y poner algunos ejemplos:

Valor	1	5	10	50	100	500	1.000
Letra	I	V	X	L	C	D	M

45 = XLV; 1.900 = MCM; 2.013 = MMXIII...

02 / 100

SISTEMAS DE NUMERACIÓN. SISTEMAS POSICIONALES

Siguiendo con los sistemas de numeración, debemos añadir que los sistemas no posicionales presentan dos inconvenientes importantes. El primero es que para escribir números grandes debemos acumular muchos símbolos o inventar símbolos nuevos que pueden no ser fáciles de memorizar. Y, en segundo lugar, se hace complicado operar con los números expresados de esta forma, ya que no hay algoritmos eficientes para hacerlo.

Los sistemas posicionales solucionan estos dos problemas. Como ya hemos indicado en el capítulo anterior, en los sistemas posicionales, el valor de cada una de las cifras viene dado por dos componentes: el símbolo utilizado y su posición dentro del número. De hecho, como bien sabes, en el número 1.321.651 la cifra 1 posee tres valores diferentes según sea su posición dentro del número: 1.000.000, 1.000 y 1.

El primer sistema posicional del que se tiene noticia es el sistema babilónico, que utilizaba solamente dos símbolos (que se realizaban utilizando la escritura cuneiforme):

Para escribir números inferiores a 60 se acumulaban estos símbolos y se iban sumando sus respectivos valores. Así, para escribir el número 53 escribían:

Para números mayores que 59, el sistema ya era posicional y el valor de cada símbolo valía 60, 60 x 60 = 3.600, 60 x 60 x 60 = 216.000, etc., dependiendo de la posición en la que se encontraba dentro del número (en este caso, decimos que se trata de un sistema en base 60).

Por ejemplo, dado que 662.721 = 3 x 216.000 + 4 x 3.600 + 5 x 60 + 21, utilizando el sistema babilónico, el número 662.721 se escribiría de la siguiente forma:

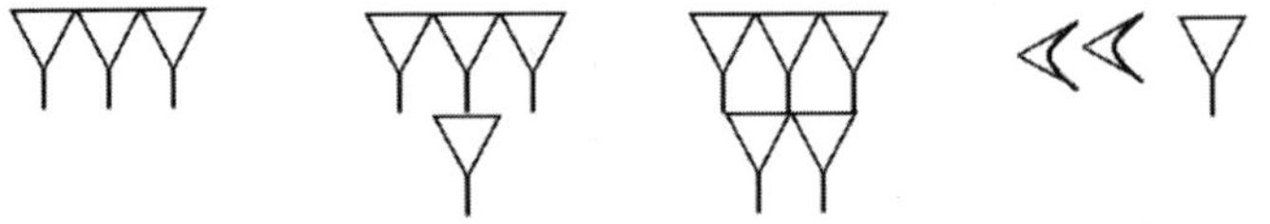

3x60x60x60 + 4x60x60 + 5x60 + 21 =662.721

Además de utilizarse en Babilonia, las civilizaciones china y maya también utilizaron diferentes sistemas posicionales.

Otro sistema posicional destacado es el binario, que, de forma parecida al sistema babilónico, solamente utiliza dos cifras: 0 y 1. A nadie se le escapa que gracias a este sistema tenemos a nuestra disposición innumerables aparatos tecnológicos (ordenadores, teléfonos móviles...).

Para terminar, debemos recordar que nuestro sistema de numeración actual también es posicional de base 10. Así, cuando escribimos el número 153.234 queremos expresar:

$$\mathbf{1} \times 10 \times 10 \times 10 \times 10 \times 10 + \mathbf{5} \times 10 \times 10 \times 10 \times 10 + \mathbf{3} \times 10 \times 10 \times 10 + \mathbf{2} \times 10 \times 10 + \mathbf{3} \times 10 + \mathbf{4} = \mathbf{1} \cdot 10^5 + \mathbf{5} \cdot 10^4 + \mathbf{3} \cdot 10^3 + \mathbf{2} \cdot 10^2 + \mathbf{3} \cdot 10 + \mathbf{4}$$

Aunque nuestro sistema de numeración se originó en India, sus grandes impulsores fueron los árabes. Posteriormente fue introducido en Europa durante el siglo XIII por Leonardo de Pisa (Fibonacci), quien demostró que era un sistema muy eficiente para operar con los números y, por lo tanto, muy útil para el comercio.

03 / 100

LA SUCESIÓN DE FIBONACCI

13-3-2-21-1-1-8-5
¡Diavole in Dracon!
Límala, asno.

El código Da Vinci, DAN BROWN

Empezaremos con un reto. ¿Sabrías continuar la siguiente secuencia?:

1, 1, 2, 3, 5, 8, 13, 21...

Seguramente habrás acertado que cada número se obtiene sumando sus dos términos anteriores. Así, 5 = 2 + 3, 8 = 5 + 3, 13 = 8 + 5, 21 = 13 + 8. De la misma forma, el siguiente elemento de la lista será 21 + 13 = **34**.

Ésta no es una sucesión cualquiera, es tan especial que tiene nombre propio, se llama *sucesión de Fibonacci*. Veamos cuál es su origen y por qué es tan importante y conocida.

Su historia empieza de la mano del famoso matemático italiano que introdujo en Europa el sistema numérico actual: Leonardo de Pisa (1170-1250), más conocido como Fibonacci (el hijo de Bonacci). En el capítulo XII de su libro *Liber Abacci* propuso el siguiente problema: "Si en un patio cerrado tenemos una pareja de conejos recién nacidos y éstos originan una nueva pareja cada mes a partir del segundo, ¿cuántas parejas tendremos al cabo de 2 meses? ¿Y después de 3? ¿Y al pasar 4, 5, 6...?"

Pensando un poco podemos llegar a la conclusión de que durante el primer mes de vida habrá una sola pareja en el patio. Durante el segundo mes de vida todavía tendremos la pareja original. Durante el tercer mes de vida tendremos 2 parejas, la original y la que han tenido. Durante el cuarto mes de vida tendremos 3 parejas en el patio (la original, la primera generación que todavía no habrá engendrado y la segunda generación). Durante el quinto mes ya tendremos 5 parejas de conejos en el patio, ya que las dos primeras tendrán descendencia y la última todavía no. Si seguimos contando, nos encontraremos con la siguiente lista de números: 1, 1, 2, 3, 5, 8, 13, 21, 34, 55, 89, 144, 233, 377...

Esta sucesión numérica es muy importante porque aparece de forma recurrente en la naturaleza. Por ejemplo, las hojas en una rama de una planta se disponen de forma que maximicen su exposición al sol, la lluvia y el aire. Esta disposición es diferente para plantas diferentes, pero siempre está relacionada con la sucesión de Fibonacci. Las escamas de las piñas o las semillas de un girasol se distribuyen formando un número de espirales que son términos de la sucesión de Fibonacci. Por ejemplo, en la mayoría de las flores de girasol aparecen 55 espirales en un sentido y 89 en el otro, mientras que en otras aparecen 89 en un sentido y 144 en otro.

De la misma forma, el árbol genealógico de los abejorros en una colmena sigue al pie de la letra esta sucesión. De hecho, el macho no tiene padre, pero tiene madre. Esta madre sí tiene padres, pero solamente la madre de la abeja tiene a su vez padres. Si vamos haciendo el recuento de los antepasados de un abejorro (contándolo también a él), obtenemos: 1-1-2-3-5-8...

Todas estas misteriosas apariciones no son más que el resultado de la evolución. Así, la naturaleza ha descubierto que utilizando estos números consigue la máxima eficiencia.

Para acabar, solamente me queda añadir que en la famosa novela *El código Da Vinci*, de Dan Brown, al lado de un cadáver aparece una extraña secuencia numérica que al principio no reconocen: 13-3-2-21-1-1-8-5, junto con un par de frases que tampoco entienden: "¡Diavole in Dracon! Límala, asno".

Espero que llegados a este punto ya hayas descubierto el sentido de la secuencia numérica. Te ayudaremos con las dos frases. Son un anagrama de Leonardo da Vinci. Es decir, reordenando todas las letras de la primera frase aparece el nombre de este histórico personaje, y con las de la segunda aparece su obra más famosa: *La Mona Lisa*.

04 / 100

EL NÚMERO ÁUREO

En el tema anterior hemos tratado la sucesión de Fibonacci: 1-1-2-3-5-8-13-21-34-55-89...

Para empezar este capítulo haremos un experimento con los elementos de esta sucesión. Dividiremos cada uno de sus términos entre su anterior. Así, obtendremos los siguientes resultados:

1/1 = 1; 2/1 = 2; 3/2 = 1,5; 5/3 ≈ 1,67; 8/5 = 1,6; 13/8 = 1,625; 21/13 ≈ 1,62; 34/21 ≈ 1,619; 55/34 ≈ 1,618...

Si continuamos con el experimento, podremos comprobar que los resultados se aproximan cada vez más al número siguiente: 1,6180339... ¿Es este número un número cualquiera o es especial? ¿Tiene nombre? ¿Tiene alguna otra peculiaridad a parte de la que ya hemos visto?

La respuesta es que el número al que se aproximan cada vez más los resultados de las divisiones es un número muy especial, tan especial que tiene nombre propio y aparece en los lugares más inesperados. Conozcámoslo un poco más.

El número $\frac{1+\sqrt{5}}{2} \approx 1'6180339...$ es un VIN (Very Important Number) en el conjunto de los números reales. Se le llama *número de oro* o *número áureo* (entre otros muchos nombres, como pueden ser *la proporción áurea*, o *la divina proporción*) y se representa con un letra griega **Φ** (phi) en honor a un importante escultor griego llamado Fidias.

Pero, ¿qué hace tan famoso e importante este número irracional (recordemos que un número irracional es aquel que no se puede poner como cociente de dos números enteros)?

A continuación tienes algunas de las múltiples razones.

En primer lugar, debemos decir que los antiguos griegos ya lo conocían y lo consideraban más una proporción que un número por sí mismo. Se consideraba que dos segmentos estaban en proporción áurea si al dividir el segmento mayor entre el menor se obtenía como resultado dicho número.

Muy pronto se descubrió que esta proporción estaba presente en la naturaleza y que era un proporción que se aproximaba a la belleza.

Repasemos, pues, algunos de los lugares en los que lo podemos encontrar.

En la arquitectura: es un elemento constante, ya que, como hemos indicado, se considera que para conseguir que un rectángulo sea proporcionado y aspire así a la perfección debe seguir la proporción áurea (es decir, que el resultado de dividir su base por su altura se aproxime a Φ). Así, lo podemos encontrar en el Partenón de Atenas, en las catedrales góticas, en la arquitectura del Renacimiento, en la pirámide de Keops, en las obras del famoso arquitecto Le Corbusier e incluso en el edificio de la ONU en Nueva York.

En el arte: la escultura griega utiliza con frecuencia esta proporción para representar las figuras humanas (*Venus de Milo*, cariátides). Su aparición también es recurrente en la historia del arte: *La Gioconda*, *El nacimiento de Venus*, *Las Meninas*, *Adán y Eva* de Alberto Durero, *Leda atómica* de Dalí...

En la naturaleza: como se suele decir, la naturaleza es sabia y así se demuestra al ser la primera en utilizar esta conocida proporción. Así, podemos encontrar la sucesión de Fibonacci y, por extensión, el número de oro en el crecimiento de los vegetales y en la disposición de sus pétalos (piñas, girasoles, flores...) o, por ejemplo, en las proporciones (largo y ancho) de los huevos. Debemos este hecho a la selección natural, ya que al utilizar estas proporciones la naturaleza consigue optimizar recursos (maximizar la exposición al sol, obtener el máximo volumen utilizando la mínima superficie exterior...).

En las proporciones humanas: la proporción entre alto y ancho de una cara, la relación entre la longitud de una falange del dedo y la siguiente, la relación entre la altura de una persona y la distancia del ombligo al suelo son otros ejemplos en los que está siempre presente el número de oro.

Por lo tanto, acabamos de añadir el número Φ a la colección de irracionales importantes, una colección iniciada por el conocido número π, del que hablaremos un poco más adelante.

Para terminar, una sorpresa. Es muy probable que durante muchos años hayas llevado en el bolsillo un rectángulo áureo sin que hayas sido consciente de ello. Te damos una pista: suele estar dentro de la cartera. ¿Lo tienes?

Pues sí, el DNI o la tarjeta sanitaria son ejemplos de rectángulos que se ajustan a la proporción áurea. ¡Si no te lo crees, coge regla y calculadora y compruébalo!

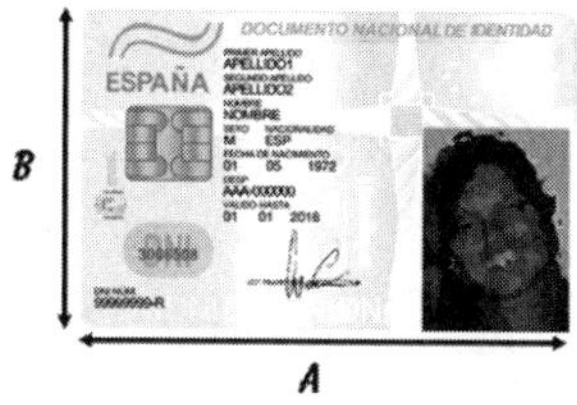

$$\frac{A}{B} \approx \Phi$$

05 / 100

TIPOS DE NÚMEROS I: NÚMEROS DEFICIENTES, ABUNDANTES, PERFECTOS Y AMIGOS...

Normalmente estamos acostumbrados a oír hablar de números positivos, negativos, pares, impares y, en ámbitos más académicos, de números naturales, enteros, racionales, irracionales, reales, complejos..., pero hay muchos otros tipos de números que, aunque no tengan utilidades prácticas, pueden ser tan interesantes o curiosos como los anteriores. A continuación te presentamos unos cuantos:

Números deficientes: decimos que un número es deficiente si la suma de sus divisores propios (todos exceptuando el propio número) es menor que el número original. Por ejemplo, el número 81 es deficiente, ya que sus divisores son: 1, 3, 9, 27 y 81. Al sumar solamente los propios obtenemos: 1 + 3 + 9 + 27 = 40, que es menor que 81.

Así, todos los números primos, las potencias de los números primos y los divisores de los números deficientes siempre serán deficientes. Al haberse demostrado la existencia de infinitos números primos, por extensión hay infinitos números deficientes.

A continuación tienes la lista de los primeros números deficientes: 1, 2, 3, 4, 5, 7, 8, 9, 10, 11, 13, 14, 15, 16, 17, 19, 21, 22, 23, 25, 26, 27, 29, 31, 32, 33, 34, 35, 37, 38, 39, 41, 43, 44, 45, 46, 47, 49, 50.

Números abundantes: al contrario de lo que pasa con los números deficientes, un número se llama *abundante* si la suma de sus divisores propios es mayor que el propio número. Por ejemplo, veamos que el número 90 es abundante. Los divisores propios de 90 son: 1, 2, 3, 5, 6, 9, 10, 15, 18, 30 y 45. Al sumarlos obtenemos 144, que es superior a 90.

También se sabe que hay infinitos números abundantes tanto pares como impares, aunque para encontrar el primer número abundante impar tenemos que llegar hasta el 945. Aquí tienes la lista de los primeros números abundantes: 12, 18, 20, 24, 30, 36, 40, 42, 48, 54, 56, 60, 66, 70, 72, 78, 80, 84, 88, 90, 96, 100.

Números perfectos: finalmente, si la suma de los divisores propios de un número coincide con el propio número decimos que es *perfecto*. Por ejemplo, el número 28 es perfecto porque sus divisores propios son: 1, 2, 4, 7, 14 y 1 + 2 + 4 + 7 + 14 = 28. La historia de los números perfectos es extensa, ya que matemáticos del nivel de Euclides, Mersenne y Euler los estudiaron y encontraron en ellos curiosas propiedades. Aquí tienes la lista de los primeros números perfectos, que son más difíciles de encontrar que los deficientes o los abundantes: 6, 28, 496, 8.128, 33.550.336, 8.589.869.056, 137.438.691.328, 2.305.843.008.139.952.128. El misterio rodea estos números, ya que no se sabe si hay algún número perfecto impar (aunque sí se sabe que, en caso de haberlo, sería superior a 10^{300}, ¡un uno seguido de 300 ceros!). Tampoco se sabe si hay infinitos números perfectos.

Números amigos: decimos que dos números son amigos si la suma de los divisores propios de uno coincide con la suma de los del otro y viceversa. Por ejemplo, los números 220 y 284 son amigos. Para comprobar este hecho, primero debemos calcular los divisores de cada uno de ellos. D(220) = {1,2,4,5,10,11,20,22,44,55,110,220} y D(284) = {1,2,4,71,142,284}. Así podemos comprobar que es cierto:

$$1 + 2 + 4 + 5 + 10 + 11 + 20 + 22 + 44 + 55 + 110 = \mathbf{284}$$
$$1 + 2 + 4 + 71 + 142 = \mathbf{220}$$

La historia de estos números se remonta a los pitagóricos, aunque también han sido estudiados por Fermat, Descartes y Euler, entre otros matemáticos.

Aquí tienes las primeras parejas de números amigos: (220, 284), (1.184, 1.210), (2.620, 2.924) (5.020, 5.564), (6.232, 6.368), (10.744, 10.856), (12.285, 14.595), (17.296, 18.416), (63.020, 76.084). Tampoco se sabe si hay infinitos números amigos.

Y, para acabar, una curiosidad. Si la suma de los divisores propios de un número lo supera en una unidad, se le llama *cuasiperfecto*, pero todavía no se ha demostrado que estos números existan (de hecho, al menos se sabe que, si existen, son mayores que 10^{35}).

Ya lo sabes, si demuestras que hay infinitos números perfectos o amigos, si encuentras un número perfecto impar o si encuentras un número cuasiperfecto, ¡vas a hacerte matemáticamente famoso!

06 / 100

CÁLCULO MENTAL Y ALGUNOS TRUCOS BÁSICOS

Con la introducción de las calculadoras y las nuevas tecnologías hemos dejado el cálculo mental un poco de lado y algunas veces es espeluznante ver como algunos de nuestros alumnos ya no son capaces ni de recordar las tablas de multiplicar. Es evidente que las máquinas nos facilitan la vida, pero no es conveniente ser sus esclavos. Cuando vamos a comprar, tener unas mínimas habilidades mentales nos puede servir para calcular una buena aproximación de lo que nos costará lo que compremos o saber, también de forma aproximada, si nos han dado correctamente el cambio. Veamos algunos trucos básicos para mejorar nuestro cálculo mental.

Cómo multiplicar por 5, 9 o 11 con facilidad

Para multiplicar cualquier número por 5 es suficiente con añadir un 0 al final del número y después calcular su mitad. Por ejemplo, 5 x 34 = 340:2 = 170.

Para multiplicar cualquier número por 9 es suficiente con añadir un 0 al final del número y después restar el número original al resultado. Por ejemplo, 9 x 56 = 560 – 56 = 504.

Para multiplicar un número de dos cifras por 11 basta situar entre estas dos cifras su suma formando así un número de 3 cifras, que será el resultado de la multiplicación. Es decir, ab x 11 = a(a + b)b. Por ejemplo, 34 x 11 = 3(3+4)4 = 374.

En caso que la suma de las dos cifras supere 9, llevamos una que sumaremos a la primera cifra del número. Por ejemplo, 84 x 11 = 8(8 + 4)4 = 8(12)4 = 924.

Cálculo de porcentajes

Algunos porcentajes también son muy fáciles de calcular. Veamos unos cuantos ejemplos de ello.

Para calcular el 50% de un número es suficiente con calcular su mitad. Ejemplo: 50% de 125 = 125:2 = 62,5.

Para calcular el 25% de un número basta con calcular su cuarta parte, y para hacerlo será suficiente con dividir por 2 el número en cuestión dos veces. Por ejemplo: 25% de 560 = 1/4 de 560 = (560:2):2 = 280:2 = 140.

Para calcular el 10% de un número es suficiente con mover la coma decimal una posición hacia la izquierda. Por ejemplo, 10% de 534,5 = 53,45. Y duplicando, triplicando o duplicando dos veces podemos obtener el 20%, 30% o 40%...

Más operaciones con decimales

Para multiplicar por 0,5 basta con dividir por 2. Por ejemplo: 42 x 0,5 = 42:2 = 21.

Para multiplicar por 0,25 basta con dividir por 2 dos veces. Por ejemplo: 42 x 0,25 = (42:4) = (42:2):2 = 10,5.

Para multiplicar por 0,1 basta con mover la coma decimal una posición hacia la izquierda porque multiplicar por 0,1 es lo mismo que dividir por 10. Por ejemplo: 453 x 0,1 = 453:10 = 45,3.

Dado que dividir por 0,5 es lo mismo que multiplicar por 2, bastará con duplicar el número. Por ejemplo: 453:0,5 = 453 x 2 = 906.

Dado que dividir por 0,25 es lo mismo que multiplicar por 4, bastará con duplicar el número dos veces: 453:0,25 = 453 x 4 = (453 x 2) x 2 = 1.812.

Dado que dividir entre 5 es lo mismo que dividir entre 10 y después multiplicar por 2, bastará con mover la coma decimal una posición hacia la izquierda y después duplicar el resultado obtenido. Por ejemplo: 453:5 = (453:10) x 2 = 45,3 x 2 = 90,6.

Dado que multiplicar por 25 es lo mismo que multiplicar por 100 y después dividir entre 4, bastará con mover la coma decimal dos posiciones hacia la derecha (o añadir ceros) y después calcular la mitad de la mitad del número obtenido. Por ejemplo: 234 x 25 = (234 x 100):4 = [(234 x 100):2]:2 = (23.400:2):2 = 11.700:2 = 5.850.

Dado que dividir por 25 es lo mismo que dividir por 100 y después multiplicar por 4, bastará con mover dos posiciones hacia la izquierda la coma decimal y después duplicar el número dos veces. Por ejemplo: 234:25 = (234:100) x 4 = (234:100) x 2 x 2 = 2,34 x 2 x 2 = 4,68 x 2 = 9,36.

07 / 100

LAS FRACCIONES EGIPCIAS

Aunque a alguien pueda parecérselo, las fracciones no son un invento moderno destinado a "torturar" a nuestros estudiantes. Los egipcios ya las empleaban, aunque con una variación importante: solamente utilizaban fracciones con numerador unitario. Es decir, no escribían 5/6, en su lugar escribían 1/2 + 1/3 (como puedes suponer, utilizando sus símbolos). Tampoco podían repetir dos veces la misma fracción, de forma que para escribir 5/6 no era aceptable poner 1/6 + 1/6 + 1/6 + 1/6 + 1/6 y, como ya hemos dicho, escribían 1/2 + 1/3.

La única fracción con numerador diferente de 1 que tenían permitido escribir era 2/3. Se desconoce la razón por la cual no utilizaban otras fracciones que no fuesen de este tipo.

Utilizando los símbolos egipcios para representar números (han sido tratados en el capítulo "Sistemas de numeración. Sistemas no posicionales"), las fracciones se representaban de la siguiente forma:

Pero rápidamente surge una incógnita. ¿Se pueden escribir todas las fracciones que actualmente conocemos como una suma de fracciones diferentes todas con numerador unitario? La respuesta es afirmativa y este hecho ya fue demostrado por Fibonacci (1170-1250). De hecho, existe una gran cantidad de algoritmos que permiten encontrar la descomposición de cualquier fracción como suma de fracciones con numerador unitario. Como curiosidad, aquí tienes unas cuantas de estas descomposiciones:

$$\frac{2}{3}=\frac{1}{2}+\frac{1}{6}$$
$$\frac{2}{5}=\frac{1}{3}+\frac{1}{15}$$
$$\frac{4}{5}=\frac{1}{2}+\frac{1}{4}+\frac{1}{20}$$

Para terminar te proponemos un problema que ya aparecía en el papiro Rhind (también conocido como *papiro de Ahmes*), un documento escrito en un papiro que fue redactado por un escriba egipcio llamado Ahmes hacia el 1650 a. C. Dice así: "La suma de una determinada cantidad con sus dos tercios, su mitad y su séptimo da 33. ¿Cuál es esta cantidad?"

Si el álgebra no te asusta, puedes plantear y resolver una ecuación de primer grado y descubrirás que el resultado buscado es 1.386/97, pero, dado que no podían escribir esta fracción, la solución que se da en el papiro es:

$$14+\frac{1}{4}+\frac{1}{56}+\frac{1}{97}+\frac{1}{194}+\frac{1}{388}+\frac{1}{679}+\frac{1}{776}$$

Si quieres, puedes coger una calculadora científica y comprobar que el resultado que aparece en el papiro coincide con el que obtendrás tú.

08 / 100

DEL 0 AL 9, 10 NÚMEROS IMPORTANTES (I)

Como bien debes de saber, los dígitos del 0 al 9 son muy importantes para la aritmética, ya que son la base del sistema de numeración que utilizamos actualmente. A parte de esto, cada uno de estos números tiene su historia y sus características propias. Veamos algunas de ellas.

0: aunque pueda parecer que el 0 es un número imprescindible en la numeración, durante la historia de las matemáticas no ha sido siempre así. De hecho, aunque dominaran la numeración, ni babilonios, ni egipcios ni romanos tuvieron necesidad de utilizarlo. Parece ser que el cero tal y como lo utilizamos actualmente tuvo su origen en la notación posicional que apareció de manos de la civilización india. La primera noticia documentada que se tiene de este importante número aparece sobre una roca fechada en el año 876 d. C. y en aquel caso fue utilizado para escribir los números 270 y 50.

Finalmente, el matemático italiano Fibonacci (del que ya hemos hablado en algún capítulo anterior) lo introduce en Europa a finales del siglo XII y principios del XIII con su libro *Liber Abaci*, donde explica la genialidad del sistema de numeración posicional.

Algunas curiosidades. La palabra *cero* proviene de la traducción de su nombre en sánscrito, *shunya* ('vacío'), al árabe, *sifr*, de donde, a través del italiano, queda tal y como lo conocemos ahora (de hecho, la palabra *cifra* también proviene de esta traducción).

No se puede dividir por cero. Los DVD que se pueden reproducir en cualquier región se llaman de región 0. En las ruletas, el 0 y el 00 son los números que aseguran el beneficio de los casinos. En la Fórmula 1, si el actual campeón no compite el siguiente año, se da el número 0 (y no el 1, como correspondería al campeón) a uno de los pilotos del equipo del campeón.

1: el número 1 es el primer número natural (aunque para algunos es el segundo, y 0 el primero) y es el número entero que sigue al 0 y precede al 2.

Dado que Euclides consideraba un número como un agregado de unidades, no consideraba que el 1 fuese un número. Y, por extensión, los griegos, que tenían a Euclides como una gran autoridad, tampoco le daban consideración de número.

El número 1 es el primer número natural no nulo, es el primer número natural impar y es la identidad en la multiplicación. No se considera un número primo y en los axiomas de Peano es el sucesor del 0.

Algunas curiosidades: es el primer y segundo elemento de la sucesión de Fibonacci. Es, junto con el 0, la base del sistema binario gracias al cual funciona la informática. La ley de Benford asegura que hay más datos numéricos que empiezan con 1 que por cualquier otro dígito (encontrarás más información en el capítulo "No todos los números empiezan igual. La ley de Benford").

Una cinta de Möbius tiene una sola cara. El número atómico del hidrógeno es 1. El año 1 d. C. se introduce el budismo en China. Los antiguos egipcios solamente consideraban fracciones con numerador igual a 1.

Para los que crean en la numerología (no así este autor), se asocia el número 1 al dinamismo y la independencia, la mentalidad positiva, la originalidad y la capacidad de liderazgo...

2: es el número natural que sigue al 1 y precede al 3. Es el primer número natural par y, de esta forma, cualquier número divisible por 2 será llamado par. Es el primer número primo y el único que es, a la vez, primo y par.

Curiosidades: los números 2 y 3 son los dos únicos números consecutivos que son primos. Es el tercer elemento de la sucesión de Fibonacci. Es el número atómico del Helio. Es el único número natural para el que se cumple la siguiente igualdad: $x^n + y^n = z^n$, donde x, y, z son números enteros y n un número natural.

En la antigüedad representaba la dualidad y el enfrentamiento entre el bien y el mal. Para los numerólogos, el número 2 se asocia al cooperativismo, la diplomacia, la sensibilidad y el sentimentalismo.

3: es un número natural, el sucesor de 2. Es el primer número primo impar.

En la antigüedad el número 3 era considerado el símbolo de la creación perfecta y de la unidad divina.

Curiosidades: es el segundo número triangular. Es el cuarto elemento de la sucesión de Fibonacci. Un número es divisible por 3 si la suma de sus cifras también lo es. Trisecar un ángulo utilizando regla y compás es imposible. Los colores primarios son tres. Los pulpos tienen tres corazones. La regla de tres es una de las más conocidas en matemáticas. En el siglo III Diofanto escribió una importante obra titulada *Aritmética*.

Existen tres tipos de personas, las que saben contar y las que no.

Para los amantes de la numerología, el 3 está relacionado con la creatividad, la expresividad y la sociabilidad.

09 / 100

DEL 0 AL 9, 10 NÚMEROS IMPORTANTES (II)

4: es el sucesor del 3. Es el menor número compuesto (no primo).

Curiosidades: cuatro son los colores mínimos necesarios para pintar cualquier mapa (encontrarás más información acerca de este hecho en el capítulo "¿Cuántos colores necesitamos para pintar cualquier plano? El teorema de los cuatro colores"). Son necesarias cuatro coordenadas para describir cualquier hecho en el espacio-tiempo. La palabra *four* es la única que, en inglés, tiene el mismo número de letras que el valor que describe.

Para los numerólogos, el 4 va asociado a la practicidad, la responsabilidad, la paciencia, la tranquilidad, la organización y el trabajo.

5: es el sucesor del 4. Es el tercer número primo.

Para los pitagóricos, la péntada era casi tan importante como la década, ya que estaba compuesta por el primer número masculino (3) y el primer número femenino (2).

Curiosidades: es un número de Fermat. El pentágono se puede construir utilizando solamente regla y compás. Es el quinto término de la sucesión de Fibonacci. En la escala de Saffir-Simpson, los huracanes de nivel 5 son los más destructivos. Casi todos los anfibios, reptiles y mamíferos que tienen dedos, tienen cinco. Tenemos cinco sentidos. El pentagrama está formado por cinco líneas. Tenemos cinco vocales. La ecuación de quinto grado es la primera que no tiene una fórmula cerrada que permita resolverla. En el siglo V murió Hipatia de Alejandría.

Para los numerólogos, se asocia al 5 la inventiva, la adaptabilidad, la inteligencia...

6: es el sucesor del 5. Es el menor número que no es un cuadrado perfecto ni un número primo. Es el segundo número compuesto.

Dado que sus divisores propios (1, 2 y 3) suman 6, es el primer número perfecto.

Curiosidades: los pitagóricos lo relacionaban con el matrimonio porque 6 = 3 x 2 (producto del primer número femenino, 2, y del primer número masculino, 3). Para los cristianos, Dios creó el mundo en seis días (y así le quedó). Una guitarra tiene seis cuerdas. Muchos instrumentos de viento tienen seis agujeros. Los insectos tienen seis patas. Se necesitan seis colores para pintar un mapa sobre una banda de Möbius de forma que no haya ningún par de regiones que compartan frontera y tengan el mismo color.

Para los numerólogos, se asocia este número al pacifismo, la belleza, el saber disfrutar de la vida y el sentido de familia.

7: es el sucesor del 6. Es el cuarto número primo. Su fuerza simbólica radica en el hecho de ser la unión del cuadrado (fortaleza) y el triángulo (perfección). Para los pitagóricos, era signo de virginidad debido a que no se puede dividir un círculo en siete segmentos. También se ha considerado un número sagrado, ya que aparece en diferentes lugares de la Biblia.

Curiosidades: es el máximo número en que tres rectas pueden dividir el plano. Siete colores son los que forman el arco iris. Los cristianos consideran que existen siete virtudes. La semana está dividida en siete días. Se dice que un gato tiene siete vidas (mientras que los ingleses dicen que tienen nueve)... Para los numerólogos, el 7 está asociado a la sabiduría, la espiritualidad, la reserva...

8: es el sucesor del 7. Es un número compuesto. Es el sexto número de la sucesión de Fibonacci.

Curiosidades: es el número máximo de regiones en las que se puede dividir el plano utilizando tres circunferencias. Es un número de la suerte en la cultura china. Tanto es así que los Juegos Olímpicos de Pequín 2008 se inauguraron a las 08:08:08 pm del día 08/08/08. Es el número atómico del oxígeno. Todos los arácnidos tienen ocho patas, como los pulpos tienen ocho tentáculos. Los humanos adultos tienen ocho dientes en cada cuadrante. La bola negra del billar lleva el número 8. Un *byte* está formado por 8 bits. El conocido dulce After Eight hace referencia a las 8 pm.

Para los numerólogos, este número está asociado a la gestión y dirección, autoridad, voluntad de éxito y capacidad para manejar el dinero y la ambición.

9: es el sucesor del 8.

Curiosidades: para los pitagóricos, era el cuadrado del primer número masculino y la suma de dos números triangulares consecutivos. La prueba del 9 es una antigua prueba con la que se comprobaba si una división estaba bien hecha. Es el último de los dígitos que utiliza la numeración posicional de base 10 y, por lo tanto, da mucho juego para hacer trucos de matemagia. Bart Simpson tiene nueve puntas en su pelo.

Para los numerólogos, está asociado a la caridad, el romanticismo, la imaginación, el carisma, la compasión, la aventura y la maestría...

10 / 100

UNA PARADA EN EL CAMINO: PROBLEMAS DE INGENIO

Como anuncia el título del capítulo, cada cierto número de capítulos nos dedicaremos a descansar un poco de curiosidades y conceptos matemáticos enfrentándonos a unos cuantos retos de ingenio.

Aquí van los cuatro primeros, que serán de lógica:

a) Una enciclopedia matemática. En casa tengo una enciclopedia matemática de cuatro tomos ordenados siempre desde el primero hasta el cuarto. Cada uno de los tomos tiene 100 páginas. Un día descubrí que un pececillo de plata había hecho un túnel desde la primera página del primer tomo hasta la última del último tomo, pero había agujereado menos de 300 páginas. ¿Sabrías explicar cómo es posible?

b) El pastor, el lobo, la cabra y la col. Un pastor que tiene un lobo, una cabra y una col quiere cruzar un río con una barca en la que solamente caben él y otro objeto. Si deja al lobo con la cabra, éste se come la cabra, y si deja la cabra con la col, la cabra se come la col. ¿Sabrías diseñar un procedimiento por medio del cual el pastor pueda cruzar el río sin que pierda nada de lo que lleva?

c) Ocho perlas difíciles de distinguir. Tengo una caja con ocho perlas del mismo color y de la misma forma. Siete de ellas tienen el mismo peso, mientras que una es más ligera que las demás. ¿Sabrías decir cómo podríamos hacerlo para descubrir cuál es la perla más ligera haciendo solamente dos pesadas con una balanza de platos que no tiene pesos?

d) Las puertas del infierno. Al morir, una persona va al cielo y se encuentra delante de dos puertas. Una de las puertas la llevará directamente al cielo, mientras que la otra la llevará al infierno. Delante de cada una de las puertas encuentra un san Pedro que le podrá dar alguna indicación acerca de qué puerta escoger. El problema se encuentra en que uno de los dos san Pedros siempre dice la verdad y el otro siempre miente, pero no sabe distinguir quién es quién. Por si todo esto no fuera suficiente, solamente puede hacer una pregunta a uno de los dos hombres.

¿Cómo podrá hacerlo para acertar con el camino que le llevará al cielo utilizando una sola pregunta?

Soluciones: ¡Atención! Consulta las soluciones si estás completamente seguro de que no sabes resolver el problema y has hecho todo lo posible por resolverlo. Si este no es el caso, espera un rato o incluso unos días hasta volver a intentarlo.

a) Una enciclopedia matemática. Si analizas la situación delante de cuatro tomos de cuatro libros, verás que la primera página del primer tomo no está delante del todo, sino que está en contacto directo con el segundo tomo. De la misma forma, la última página del último tomo es la primera que encontraremos después del tercer tomo. Así, el pececillo de plata solamente habrá agujereado la primera página del primer tomo, todas las del segundo, todas las del tercero y la última del cuarto. En total, 204 páginas.

Por lo tanto, realmente se habrá comido bastantes menos de 300 páginas tal y como dice el enunciado.

b) El pastor, el lobo, la cabra y la col. El pastor llevará la cabra hasta la otra orilla del río. Después volverá a buscar el lobo y, cuando lo deje en la segunda orilla, devolverá a la cabra a su orilla original. Cogerá la col y la dejará con el lobo para ir a buscar a la cabra, quedando ya todos en la orilla final.

c) Ocho perlas difíciles de distinguir. Bastará con hacer dos grupos de tres perlas cada uno y uno con las dos perlas que queden. Si en cada plato de la balanza ponemos uno de los dos grupos de tres perlas y la balanza queda en equilibro, será señal inequívoca que la perla más ligera está en el grupo de dos perlas. Con una segunda pesada (poniendo cada una de las dos perlas en un plato diferente) descubriremos cuál es la perla más ligera. En el caso que uno de los dos grupos originales de tres perlas quede en alto, sabremos que la perla más ligera está en ese grupo. A continuación, compararemos dos de las tres perlas que han quedado en el plato que está en alto. Si la balanza queda en equilibrio, sabremos que la perla más ligera es la que ha quedado fuera de los dos platos, y en caso que uno de los dos platos quede en alto, también habremos determinado cuál es la perla más ligera.

d) Las puertas del cielo y el infierno. La pregunta que se puede hacer a cualquiera de los dos san Pedros es la siguiente: ¿Cuál es la puerta que me diría tu compañero que es la correcta? Tanto si hace la pregunta al san Pedro que siempre dice la verdad como si la hace al que siempre miente, siempre le señalarán la puerta que lleva al infierno, con lo que solamente deberá escoger la otra. Así no sabrá si ha hecho la pregunta al que dice la verdad o al que miente pero, al menos, sabrá qué puerta escoger para llegar al cielo.

II. NÚMEROS, ALGUNAS APLICACIONES Y CURIOSIDADES...

11 / 100

LOS NÚMEROS PRIMOS NOS AYUDAN A COMPRAR POR INTERNET

Todo el mundo ha oído hablar de los números primos, pero, ¿qué son y por qué son tan importantes estos números?

En primer lugar, debemos decir que los números primos son aquellos que tienen exactamente dos divisores diferentes: 1 y el propio número. Por ejemplo, los números 2, 3, 5, 7, 11... son números primos porque solamente tienen dos divisores diferentes.

Por el contrario, los números que tienen más de dos divisores se llaman *compuestos*. Por esta razón, los números 4, 6, 8, 9, 12... son compuestos.

Finalmente, debemos recordar que el número 1 no se considera un número primo.

¿Cuántos números primos hay? La respuesta es sencilla de dar pero no tanto de demostrar. Hay infinitos números primos y una de las primeras demostraciones de este hecho se la debemos a Euclides. En su razonamiento, este importante matemático supone que hay un número finito de números primos, llegando a una contradicción lógica y deduciendo, por tanto, que a la fuerza deben existir infinitos primos (en el capítulo "Las demostraciones, la base de las matemáticas" encontrarás la demostración completa).

¿Hay alguna fórmula que genere todos los números primos? La respuesta es negativa, no existen fórmulas cerradas que nos permitan obtener todos los números primos.

¿Están uniformemente secuenciados entre los demás números? Tampoco, los números primos crecen sin ningún orden previamente establecido, al menos que se haya descubierto hasta el momento. Pero lo que es más curioso es que la cantidad de números primos menores que un determinado número natural sí que sigue un determinado orden. Es

decir, no podemos determinar exactamente el lugar en el que encontraremos el siguiente número primo, pero sí podemos determinar de forma bastante aproximada cuántos números primos hay que son menores que un determinado número natural.

¿Cuáles son los 100 primeros números primos? ¿Cómo los podemos obtener? Existe un método muy antiguo que sirve para encontrar los primeros números primos. Se llama *criba de Eratóstenes*. Este método consiste en escribir la lista de los primeros números naturales (2, 3, 4, 5, 6, 7, 8, 9, 10, 11...) e ir eliminando todos los múltiplos de 2 mayores que 2, después todos los múltiplos de 3 mayores que 3, a continuación todos los múltiplos de 5, y así sucesivamente. Los números que no queden eliminados en esta lista serán primos. De hecho, aquí tienes la lista de los 100 primeros números primos, aunque esta vez han sido obtenidos mediante un ordenador.

2, 3, 5, 7, 11, 13, 17, 19, 23, 29, 31, 37, 41, 43, 47, 53, 59, 61, 67, 71, 73, 79, 83, 89, 97, 101, 103, 107, 109, 113, 127, 131, 137, 139, 149, 151, 157, 163, 167, 173, 179, 181, 191, 193, 197, 199, 211, 223, 227, 229, 233, 239, 241, 251, 257, 263, 269, 271, 277, 281, 283, 293, 307, 311, 313, 317, 331, 337, 347, 349, 353, 359, 367, 373, 379, 383, 389, 397, 401, 409, 419, 421, 431, 433, 439, 443, 449, 457, 461, 463, 467, 479, 487, 491, 499, 503, 509, 521, 523, 541

¿Por qué son útiles los números primos? Si hablamos estrictamente de matemáticas, y más concretamente de aritmética básica, podemos afirmar que los números primos son los átomos que forman todos los demás números naturales. Es decir, y tal como dice el teorema fundamental de la aritmética, todo número natural se puede escribir de forma única como producto de números primos (sin tener en cuenta el orden de los factores). Así, el número 20 se puede escribir como el siguiente producto: $2 \cdot 2 \cdot 5$ y no existe ninguna otra forma de obtener 20 multiplicando números primos (sin tener en cuenta el orden de los factores, claro).

De acuerdo, pero, ¿en la vida cotidiana para qué sirven? Cuando compramos por Internet y enviamos nuestro número de tarjeta de crédito, lo enviamos codificado utilizando un método de encriptación de clave pública basado en el método RSA (método creado en 1977 por los expertos en criptografía y computación Rivest, Shamir y Adleman). El núcleo de este método se basa en la imposibilidad, hasta el momento, de factorizar números primos suficientemente largos. Es decir, encontrar la descomposición en factores primos de números naturales de unas 200 cifras es imposible en tiempo real, y de esta imposibilidad se sirve el método RSA para conseguir que nuestras comunicaciones sean seguras.

En resumen, ¿quién nos iba a decir que debemos agradecer a los números primos que nuestras compras por Internet sean seguras?

12 / 100

CÓMO MULTIPLICAR SIN SABERSE LAS TABLAS

Prácticamente cualquier persona alfabetizada sabe multiplicar convenientemente aunque muchas veces se apoye en la calculadora salvadora. Pero, ¿te has preguntado alguna vez si el algoritmo que te han enseñado en el colegio basado en las conocidas tablas de multiplicar del 0 al 9 es la única forma en que se pueden multiplicar dos números? La respuesta es que hay otros algoritmos que permiten obtener el resultado de una multiplicación sin necesidad de haberse estudiado las tablas de multiplicar. Veamos uno de estos métodos, el método egipcio o de duplicación.

Como indica el propio nombre, ya se usaba en el antiguo Egipto. De hecho, aparece en el papiro Rhind, que data del siglo XVII a. C. Como hemos dicho, este método no requiere saberse las tablas de multiplicar, es suficiente con saber calcular el doble y la mitad de cualquier número natural. Para ver cómo funciona, haremos la siguiente multiplicación: 25 x 57. Para empezar, deberemos construir una tabla con dos columnas. En la primera columna iremos doblando el número 1, mientras que en la segunda iremos doblando el mayor de los dos números que queramos multiplicar, en nuestro caso el 57:

1	57
2	114
4	228
8	456
16	912
32	1.824

Una vez los valores de la primera columna superen el segundo factor, 25 en nuestro caso, podemos parar de duplicar números. Con la tabla completa solamente nos queda buscar los números de la primera columna que sumados den 25 (aparecen marcados en la tabla siguiente). Así, para obtener el resultado buscado bastará con sumar aquellos valores de la segunda columna que hemos marcado con anterioridad:

1	57	✓
2	114	
4	228	
8	456	✓
16	912	✓
32	1.824	
25	57 + 456 + 912 = **1.425**	

Como se puede comprobar en la tabla: $25 \times 57 = 1.425$.

Para acabar, intentemos entender un poco por qué funciona el método. Nuestra intención es multiplicar 57×25, pero 25 puede descomponerse de forma única como $1 + 8 + 16$ (para los más entendidos, ésta es la descomposición binaria del número 25). Así, podemos establecer las siguientes igualdades:

$$25 \times 57 = (1 + 8 + 16) \times 57 = 1 \times 57 + 8 \times 57 + 16 \times 57 =$$
$$1 \times 57 + 2 \times 2 \times 2 \times 57 + 2 \times 2 \times 2 \times 2 \times 57 = \mathbf{57 + 456 + 912}$$

Y esto es, básicamente, lo que hace el método egipcio.

En resumen, el algoritmo que nos han enseñado en la escuela no es el único que sirve para obtener un producto.

13 / 100

UN DÍA SIN NÚMEROS

Muchas veces los profesores de matemáticas nos vemos casi obligados a explicar qué utilidad tiene todo aquello que hacemos y explicamos en clase (lo cual no está mal, pero no se pide con la misma insistencia a los profesores de las demás asignaturas). Un buen ejercicio para entender la utilidad de las matemáticas y, en especial, de los números, es intentar eliminarlos de un día completo de la vida de cualquier persona. Hagamos el experimento. A continuación narraré un día cualquiera de la vida de un profesor de matemáticas y tutor eliminando cualquier referencia a los números, en lugar de los cuales aparecerá el siguiente símbolo: ☠

El despertador suena a las ☠.☠☠. Después de ducharse rápidamente, el profesor de matemáticas se toma ☠ pasta y ☠ café con leche, que pone durante ☠ minutos en el microondas mientras mira la tele. A las ☠.☠☠ se va hacia el instituto y llega ☠☠ minutos antes de las ☠:☠☠. Coge la carpeta y los libros y se dirige hacia el aula A☠☠, donde explicará matemáticas a los alumnos de ☠D de ESO. Durante el tiempo que dura la clase explica los conceptos básicos de la unidad ☠ y da ☠ ejercicios de la pàgina ☠☠☠. Aunque no son muchos ejercicios, a los alumnos siempre les parece un abuso. Cuando al cabo de ☠☠ minutos se acaba la sesión, se dirige hacia el aula A☠☠, donde los alumnos de ☠E ya le están esperando fuera del aula (aunque saben que no deben hacerlo). Allí repite la clase que ha dado al grupo anterior y da los mismos ejercicios que antes, con las mismas quejas de algunos. Cuando termina la clase, se va hacia la sala de profesores, donde corrige exámenes que tiene pendientes de devolver. Las notas de los exámenes van de ☠ a ☠☠. A las ☠.☠☠ se termina la ☠☠☠☠☠ sesión de clases y los alumnos disponen de ☠☠ minutos de recreo, que aprovechan para desayunar y distraerse. Mientras los alumnos desayunan, él aprovecha para fotocopiar los exámenes que harán la semana siguiente. Allí apunta ☠ páginas a fotocopiar y ☠☠ copias por página, además del resultado de la operación ☠ x ☠☠, que serán las que el implacable conserje le apuntará para evitar que se pase en su cantidad asignada. Después del desayuno tiene reunión de departamento, donde se encuentra con los ☠ compañeros de matemáticas. Allí le informan que, a pesar de la crisis, el departamento dispone de un superávit de ☠☠☠ € (nuestro departamento confirma aquello que dicen acerca de que a los matemáticos les basta con un lápiz y un papel). Al cabo de ☠☠ minutos suena el timbre y acude a otra reunión, esta vez de tutores. El jefe de estudios pide a los tutores la lista de faltas de la semana que va del día ☠☠ al día ☠☠ de enero. Comienza por recoger la de ☠A, siguiendo por las de ☠B, C y D. Después de recoger la lista, la orientadora del centro les informa que el día ☠☠ de febrero entrarán en el aula para explicar a los alumnos de ☠ de ESO las posibles salidas que tienen al terminar esta etapa. Como este día hay poca información que dar, la reunión se levanta al cabo de ☠☠ minutos de haber empezado. El estresado profesor-tutor decide avisar a la familia de un alumno que no va demasiado bien en los estudios. Se acerca al teléfono y marca el ☠☠☠☠☠☠☠☠☠. Esta vez quien coge el teléfono es la madre. El profesor le explica que hace ya unos cuantos días que su hijo llega a las ☠.☠☠ de la mañana y esto perjudica seriamente su formación académica. La madre dice que lo entiende y que lo intentará solucionar, momento en el que el tutor ya sospecha que la cosa seguirá igual. Después de todo esto, vuelve a sonar el timbre y el esforzado profesional cambia de oficio y hace de policía vigilando que el patio transcurra sin incidentes y, lo que es más difícil, sin que quede lleno de papeles tirados por el suelo como si no hubiera papeleras cada ☠☠ metros. Pero antes pasa por la cantina a comprar un panecillo de sobrasada que le cuesta ☠☠ céntimos de euro, paga con un billete de ☠ € y le devuelven ☠,☠☠. Cuando vuelve a sonar el timbre le toca tutoría. Con sus tutorados repasa el funcionamiento de la semana y las asignaturas para ver si ha ocurrido algún incidente remarcable que se deba intentar solucionar. Como es habitual con los adolescentes de ☠☠ años, todo es culpa de los profesores y nada es debido a la falta de trabajo o esfuerzo. Por fin llegan las ☠.☠☠ y es la hora de irse a casa, la mejor hora del día para muchos de ellos. Al profesor todavía le quedan ☠ horas de trabajo escolar en casa. Por tanto, entre las horas que está trabajando por la mañana y las que habrá trabajado en casa por la tarde (preparando clases y contestando algún mail de algún padre implicado), cumplirá sobradamente la jornada que la Consejería, que tiene poca confianza en él y en su trabajo, le paga.

A las ☠.☠☠ desconectará del completo día mirando *El Hormiguero*, satisfecho por haber superado un día más de "guerra", con la conciencia tranquila por haber hecho su trabajo lo mejor que sabe y con la constancia de que, sin números, aquel día tan cargado hubiera sido un día caótico que no hubiera podido superar.

Por lo tanto, ¡larga vida a los números!

14 / 100

CURIOSIDADES NUMÉRICAS

Como ya hemos visto en capítulos anteriores, el sistema numérico que utilizamos es un sistema posicional y de base 10 (es decir, tenemos 10 dígitos para representar cualquier número). Este sistema presenta algunas regularidades y curiosidades, aquí tienes unas cuantas:

37 x 3 = 111
37 x 6 = 222
37 x 9 = 333
37 x 12 = 444
37 x 15 = 555
37 x 18 = 666
37 x 21 = 777
37 x 24 = 888
37 x 27 = 999

12.345.679 x 9 = 111.111.111
12.345.679 x 18 = 222.222.222
12.345.679 x 27 = 333.333.333
12.345.679 x 36 = 444.444.444
12.345.679 x 45 = 555.555.555
12.345.679 x 54 = 666.666.666
12.345.679 x 63 = 777.777.777
12.345.679 x 72 = 888.888.888
12.345.679 x 81 = 999.999.999

1^2 = 1 x 1 = 1
11^2 = 11 x 11 = 121
111^2 = 111 x 111 = 12.321
1.111^2 = 1.111 x 1.111 = 1.234.321
11.111^2 = 11.111 x 11.111 = 123.454.321
111.111^2 = 111.111 x 111.111 = 12.345.654.321
$1.111.111^2$ = 1.111.111 x 1.111.111 = 1.234.567.654.321
$11.111.111^2$ = 11.111.111 x 11.111.111 = 123.456.787.654.321
$111.111.111^2$ = 111.111.111 x 111.111.111 = 12.345.678.987.654.321

1 x 8 + 1 = 9
12 x 8 + 2 = 98
123 x 8 + 3 = 987
1.234 x 8 + 4 = 9.876
12.345 x 8 + 5 = 98.765
123.456 x 8 + 6 = 987.654
1.234.567 x 8 + 7 = 9.876.543
12.345.678 x 8 + 8 = 98.765.432
123.456.789 x 8 + 9 = 987.654.321

1 x 9 + 2 = 11
12 x 9 + 3 = 111
123 x 9 + 4 = 1.111
1.234 x 9 + 5 = 11.111
12.345 x 9 + 6 = 111.111
123.456 x 9 + 7 = 1.111.111
1.234.567 x 9 + 8 = 11.111.111
12.345.678x9+9=111.111.111

$$1+\frac{1}{2}+\frac{1}{4}+\frac{1}{16}+\frac{1}{32}+\frac{1}{64}+\ldots=2$$

$$\pi = 4-\frac{4}{3}+\frac{4}{5}-\frac{4}{7}+\frac{4}{9}-\frac{4}{11}+\frac{4}{13}-\ldots$$

9 × 9 + 7 = 88
98 × 9 + 6 = 888
987 × 9 + 5 = 8.888
9.876 × 9 + 4 = 88.888
98.765 × 9 + 3 = 888.888
987.654 × 9 + 2 = 8.888.888
9.876.543 × 9 + 1 = 88.888.888
98.765.432 × 9 + 0 = 888.888.888

123 – 45 – 67 + 89 = 100
12 + 3 + 4 + 5 – 6 – 7 + 89 = 100

98 – 76 + 54 + 3 + 21 = 100
9 – 8 + 76 + 54 – 32 + 1 = 100

15 / 100

NO TODOS LOS NÚMEROS EMPIEZAN IGUAL. LA LEY DE BENFORD

Si te preguntara si crees que los números que se utilizan en la vida cotidiana empiezan con más frecuencia con una cifra que con otra, ¿qué contestarías? ¿Crees que hay alguna cifra privilegiada o todas aparecen por igual? Es decir, ¿crees que es igual de probable encontrar números que empiecen por 1 que números que empiecen por 9?

Pues, aunque pueda parecer imposible, es más probable encontrar números que empiecen por 1 que por 8 o 9, por ejemplo.

Este hecho es lo que nos explica la ley de Benford. Esta ley nos dice que los números que aparecen en la vida cotidiana empiezan con mucha más frecuencia por 1 que por cualquier otra cifra. De hecho, cuanto mayor es la cifra, más improbable es que nos encontremos números que empiecen por ella. Es evidente que esta ley no puede aplicarse a cualquier conjunto de números. Imaginemos, por ejemplo, que buscamos entre el conjunto de pesos (en kg) de un determinado grupo de personas. Es evidente que muy pocos de los pesos empezarán por 1.

La ley de Benford se cumple cuando se analizan facturas, precios de acciones, números de habitantes, tasas de mortalidad, longitudes de ríos, números primos...

En la siguiente tabla se recoge la probabilidad con la que aparece cada uno de los 9 dígitos en la primera posición de un número:

Dígito	1	2	3	4	5	6	7	8	9
%	30,1%	17,6%	12,5%	9,7%	7,9%	6,7%	5,8%	5,1%	4,6%

De hecho, los resultados vienen determinados por la fórmula $\log_{10}(n + 1) - \log_{10}(n)$, donde *n* es el dígito en cuestión.

Así, por lo que podemos observar en la tabla, es casi seis veces más probable que un número empiece por 1 que por 8, por ejemplo.

La primera persona en darse cuenta de este hecho fue el astrónomo y matemático Simon Newcomb en el año 1881, cuando vio que las primeras páginas de las tablas de logaritmos (libros donde se recogían los valores de los logaritmos cuando todavía no existían las calculadoras) estaban mucho más gastadas que las páginas del final (correspondientes a dígitos más altos). Muchos años más tarde, y de forma independiente, también cayó en la cuenta de este hecho el físico Frank Benford, del que proviene el nombre de la ley de Benford. A raíz de este descubrimiento, Benford agrupó más de 20.000 números provenientes de lugares muy diversos, como pueden ser áreas fluviales, constantes, magnitudes físicas y químicas, funciones matemáticas, números de direcciones de personas..., en muestras de 20 números y pudo comprobar la ley que, desde ese momento, lleva su nombre.

Entre las listas que se ajustan especialmente bien a esta ley podemos encontrar los números de Fibonacci, los números factoriales, las potencias de 2 y las potencias de prácticamente cualquier número. Entre las listas de números que no se ajustan a la ley podemos encontrar las raíces cuadradas, por ejemplo.

Una explicación de la razón por la cual se produce esta regularidad puede estar relacionada con el crecimiento exponencial (crecimiento muy común en la naturaleza y la vida cotidiana), que produce números que empiezan por 1 con mucha más frecuencia y durante más tiempo que cualquier otro número.

Como curiosidad, y para terminar, debemos decir que esta ley se ha utilizado para detectar fraudes. Si alguien tiene que inventarse unos datos y no conoce esta ley, es mucho más probable que los números que se invente empiecen por cualquiera de los 10 dígitos con la misma frecuencia o, al menos, difícilmente se ajustarán a la ley de Benford. Pero en caso de ser números correctos deberían empezar por 1 aproximadamente el 30% de las veces.

¡Ya has visto, pues, cómo las matemáticas pueden servir como espías antifraude!

16 / 100

GRANDES NÚMEROS Y NÚMEROS PEQUEÑOS

En este capítulo veremos cómo se llaman los números grandes y los números pequeños, además de ver algunos ejemplos en los cuales se hace necesario utilizar estos tipos de números.

Empecemos por los números grandes. En la siguiente tabla puedes encontrar la denominación de estos números y ejemplos de lugares en los que se hacen necesarios:

Prefijo	*Símbolo*	*Número*	*Nombre*	*Ejemplo*
		1	Unidad	
Deca	da	10	Diez	
Hecto	h	100	Cien	122 son los años que ha vivido la persona más longeva.
Quilo	k	1.000	Mil	Un elefante puede pesar 7.500 kg.
Mega	M	1.000.000	Millón	Según el INE, la población de España el 1 de julio de 2015 es de más de 46 millones (46.423.064 exactamente).

Giga	G	10^9	Millardo	Contando una cifra por segundo, tardaríamos casi 32 años en llegar al millardo.
Tera	T	10^{12}	Billón	La distancia que recorre la luz en un año de viaje es de 9,46 billones de km.
Exa	E	10^{18}	Trillón	Un trillón de segundos suponen 2,31 veces la edad de nuestro Universo.
Yotta	Y	10^{24}	Cuatrillón	La masa de la Tierra es de 5,97 cuatrillones de kg.

Y si hablamos de números pequeños:

Prefijo	*Símbolo*	*Número*	*Nombre*	*Ejemplo*
		1	Unidad	
Deci	d	0,1	Décimo	
Centi	c	0,01	Centésimo	
Mili	m	0,001	Milésimo	El grosor del papel es de aproximadamente 0,11 mm.
Micro	µ	0,000001 = 10^{-6}	Millonésimo	80 µm es el grosor medio del cabello humano.

Nano	n	10^{-9}	Milmilloné-simo	30 nanómetros es el diámetro del virus del resfriado común.
Pico	p	10^{-12}	Billonésimo	La longitud de las ondas más cortas de los rayos X es de 5 pm.
Femto	f	10^{-15}	Milbilloné-simo	El grosor de un electrón es del orden del femtómetro.
Atto	a	10^{-18}	Trillonésimo	Límite del tamaño de los quarks.
Yocto	y	10^{-24}	Cuatrilloné-simo	La masa del protón es del orden de $1{,}67 \cdot 10^{-24}$ gramos.

Como habrás podido comprobar, nuestro cerebro no está acostumbrado a manejar números tan grandes y tan pequeños y la idea de estos tamaños va quedando difusa a medida que aumentamos o disminuimos su orden de magnitud.

17 / 100

TIPOS DE NÚMEROS II: NÚMEROS NARCISISTAS, OMIRP, VAMPIROS Y POLIGONALES

Como ya te habíamos indicado en el capítulo "Tipos de números I", existen muchos más tipos de números que los conocidos números naturales, enteros etc.

En este capítulo te presentaremos unos cuantos más.

Números narcisistas: un número se llama *narcisista* si es igual a la suma de las potencias de orden n de sus dígitos. Por ejemplo, el número 153 es un número narcisista porque $153 = 1^3 + 5^3 + 3^3$. Otro ejemplo de este tipo de números es $1.634 = 1^4 + 6^4 + 3^4 + 4^4$.

Está demostrado que solamente existen 88 números narcisistas (en base 10).

Te dejo con un número que, aunque no es narcisista, cumple una curiosa propiedad: $2.646.798 = 2^1 + 6^2 + 4^3 + 6^4 + 7^5 + 9^6 + 8^7$.

Números OMIRP: un número se llama OMIRP (*primo* leído de derecha a izquierda) si es un número primo y el resultado de invertir sus dígitos también lo es. Por ejemplo, el número 1.597 es OMIRP porque es primo y el número 7.951 también lo es. Aquí tienes la lista de los primeros números OMIRP que son menores que 1.000: 13, 17, 31, 37, 71, 73, 79, 97, 107, 113, 149, 157, 167, 179, 199, 311, 337, 347, 359, 389, 701, 709, 733, 739, 743, 751, 761, 769, 907, 937, 941, 953, 967, 971, 983 y 991.

Números vampiros: los números vampiros (documentados por primera vez por Clifford A. Pickover en el año 1994) son aquellos que cumplen las siguientes condiciones: *a*) Tienen un número par de dígitos; *b*) Son producto de dos números (llamados *progenitores* o *colmillos*) cada uno de los cuales tiene la mitad de los dígitos que tiene el número vampiro; *c*) Los progenitores no pueden acabar ambos en cero.

Dado que la definición es un poco complicada, a continuación tienes unos cuantos ejemplos de números vampiro: 1.530 = 30·51; 1.260 = 21·60. De hecho, un número vampiro puede originarse de más de una forma, por ejemplo: 125.460 = 204·615 = 246·510.

Aquí tienes los primeros números vampiro menores que 10.000: 1.260, 1.395, 1.435, 1.530, 1.827, 2.187, 6.880.

Números triangulares: los números triangulares son aquellos números que cuentan los objetos que se pueden recomponer formando un triángulo equilátero. Los primeros números triangulares son 1, 3, 6, 10, 15 y 21. De la misma forma, se pueden definir los números cuadrados, pentagonales, hexagonales... En general, estos tipos de números se conocen como *números poligonales*.

En la siguiente tabla puedes encontrar los primeros números triangulares, cuadrados, pentagonales y hexagonales:

	Orden				
	1	2	3	4	5
Triangulares			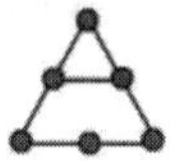	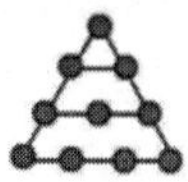	
Puntos	1	3	6	10	15
Cuadrados		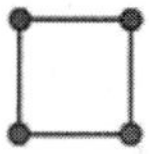	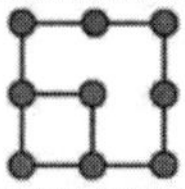		
Puntos	1	4	9	16	25
Pentagonales		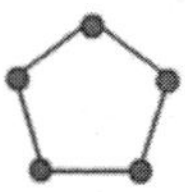	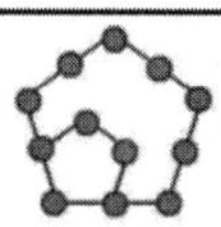	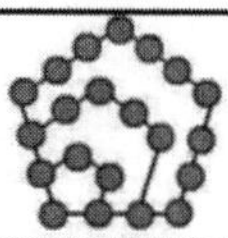	
Puntos	1	5	12	22	35
Hexagonales		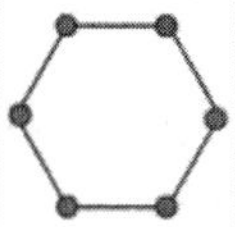	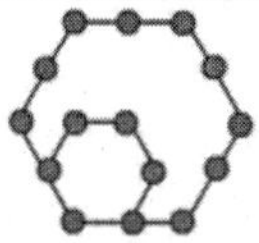	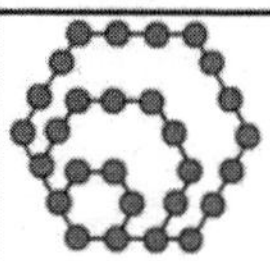	
Puntos	1	6	15	28	45

18 / 100

LOS BILLETES DE EURO Y SU CÓDIGO CORRECTOR

Cada día pagamos utilizando billetes de euro, pero pocas veces nos paramos a mirar qué hay impreso en ellos. Si prestamos un poco de atención, podremos ver que todos llevan un código. Por ejemplo, el billete de 20 € que en este momento tengo entre las manos lleva el código F00172570106 (figura 1). De todos los elementos que lo forman, dos de ellos son un poco más importantes que los demás. La letra, que nos indica el país de procedencia del billete según la tabla que aparece a continuación, y el último dígito, que es un dígito de control y que se utiliza para saber si el billete es falso (en una primera aproximación, porque quien lo falsifica puede conocer su función si ha leído este libro, por ejemplo) o permite recuperar uno de los dígitos que puede haberse perdido o no se ve con la suficiente claridad.

Código	*País*	*Suma*	*Código*	*País*	*Suma*
Z	Bélgica	9	N	Austria	3
Y	Grecia	1	M	Portugal	4
X	Alemania	2	L	Finlandia	5
W	Dinamarca	3	K	Suecia	6
V	España	4	J	Reino Unido	7
U	Francia	5	H	Eslovenia	9
T	Irlanda	6	G	Chipre	1
S	Italia	7	F	Malta	2
R	Luxemburgo	8	E	Eslovaquia	3
P	Holanda	1	D	Estonia	4

Veamos cómo funciona este código utilizando como ejemplo el billete del que estábamos hablando:

Figura 1.

Para empezar, la letra F nos indica que el billete viene de Malta.

Para saber si se trata de un billete con posibilidades de ser válido, tenemos que sumar todos los dígitos que contiene:

$$0 + 0 + 1 + 7 + 2 + 5 + 7 + 0 + 1 + 0 + 6 = 29$$

Si obtenemos un número de dos cifras, las volvemos a sumar: 2 + 9 = 11, y si todavía nos queda un número de dos cifras, repetimos el procedimiento: 1 + 1 = 2. Si el resultado obtenido coincide con el que tiene asignado cada país (el que aparece en la columna "Suma" de la tabla), el billete tiene posibilidades de ser válido.

Este código corrector también nos puede servir para hacer un truco de magia o, como ya hemos indicado, para recuperar un dígito que se haya perdido. Supongamos, por ejemplo, que pedimos a un voluntario que nos dicte la letra y todos los dígitos menos uno de cualquier billete que lleve en la cartera (en el orden en el que aparecen o de forma desordenada, da igual). Imaginemos que nos da la siguiente lista de números y letra correspondientes a un billete de 10 euros (figura 2): X8872357121. Como podemos ver en la figura, el dígito que nos está escondiendo el voluntario es el 3, pero no lo sabemos porque, evidentemente, no vemos el billete que tiene en las manos. Para descubrirlo, bastará con sumar todos los dígitos que nos haya dictado el voluntario: 8 + 8 + 7 + 2 + 3 + 5 + 7 + 1 + 2 + 1 = 44. Al volver a sumar las dos cifras del resultado obtenemos 8, pero el código de Alemania (sabemos que es de Alemania por la letra que nos ha indicado) es 2, y para que la suma de las cifras obtenidas nos dé 2 la suma que, en principio, nos ha dado 8 debería haber dado 11. Así, fácilmente, podemos deducir que el voluntario nos está escondiendo el número 3.

Figura 2.

A partir de ahora ya puedes saber de dónde proceden los billetes que tienes en el bolsillo y aprovecharlo para hacer un truco de magia a tus amigos.

Por cierto, de los 14 billetes que tengo en este momento en casa hay 1 de Malta, 1 de Francia, 1 de Portugal, 1 de Holanda y 10 de Alemania. ¿Casualidad?

19 / 100

LOS NÚMEROS DE LA MALA SUERTE

Aunque como matemático no creo en la suerte relacionada con determinados números, pero sí como resultado de una actitud vital, haremos una excepción y daremos un pequeño paseo entre los números que, histórica y culturalmente, se han considerado de la mala suerte:

11: actualmente no tiene demasiada mala fama, pero el número 11 ha sido considerado un número asociado a la mala suerte. La antigua religión cristiana lo consideraba un número asociado al pecado, ya que era una unidad superior al número de los mandamientos (10) y una unidad inferior al número 12, que se asociaba a la perfección. A raíz de los atentados del 11-S y del 11-M se ha utilizado en cálculos poco científicos...

13: en determinadas culturas, el número 13 se considera un número de la mala suerte, mientras que en otras es considerado justamente lo contrario. Parece ser que el origen de que se considere un número asociado a la mala suerte proviene de que, en la última cena, Jesús y los 11 apóstoles sumaban 12, mientras que si a esta cifra le añadimos a Judas, el traidor, pasamos a tener 13 comensales. De la misma forma se asocian los martes y 13 a la mala suerte.

Todo esto nos puede parecer una tontería pero:

– En la Fórmula 1 dejó de utilizarse el número 13 entre los años 1976 y 2013.

– En Madrid no hay línea de autobús número 13.

– Hay aviones que no tienen la fila número 13.

– En algunos hoteles se deja la planta 13 para servicios, para no tener habitaciones en ese piso.

– La carta de la muerte en el tarot es la número 13.

– El motorista Ángel Nieto siempre decía que había ganado 12 + 1 mundiales, pero esta estrategia no le sirvió de nada, porque nunca consiguió ganar el número 14.

Esta tontería puede llegar a convertirse en una enfermedad conocida como *triscaidecafobia*, consistente en un miedo irracional a todo lo que esté relacionado con el número 13. De hecho, incluso existe un nombre para designar la fobia al viernes 13, la *friggatriscaidecafobia*.

Ver para creer.

666: normalmente se asocia el número 666 con Satanás o el Anticristo. El origen de este hecho proviene del libro del Nuevo Testamento Apocalipsis, aunque actualmente se cree que debería estar asociado al número 616. A partir de aquí, la numerología (que se encarga de asociar valores numéricos a las letras) no ha parado de buscarlo en los lugares más extraños. Por ejemplo, si sumamos los números romanos DCLXVI obtenemos 666 (aunque es evidente que nos hemos dejado la letra M para que resulte lo que nos interesa). En cualquier caso, me parece evidente que si nos dedicamos a buscar con suficiente paciencia siempre podremos encontrar este número, aunque algunas veces sea de forma muy forzada.

Te dejamos con un cuadrado mágico (en el capítulo "Los cuadrados mágicos, los precursores de los sudokus" encontrarás más información) apocalíptico donde la constante mágica es 666:

3	107	5	131	109	311
7	331	193	11	83	41
103	53	71	89	151	199
113	61	97	197	167	31
367	13	173	59	17	37
73	101	127	179	139	47

20 / 100

UNA PARADA EN EL CAMINO: PASATIEMPOS NUMÉRICOS

Esta vez, para hacer un pequeño descanso en el camino te proponemos que resuelvas unos cuantos pasatiempos numéricos. ¿Te atreves?

a) 100 de 1 a 9

Sitúa los signos aritméticos básicos (+, –, x, :) entre los 9 primeros números naturales que aparecen en la siguiente figura de forma que la igualdad sea cierta.

Nota: si necesitas unir dos dígitos para formar un número de dos cifras, puedes hacerlo.

1 2 3 4 5 6 7 8 9 = 100

b) Cada cifra en su sitio

Coloca las cifras del 1 al 9 en los ladrillos de la siguiente pared de forma que cada ladrillo de la fila superior sea igual a la suma de los dos sobre los que se asienta.

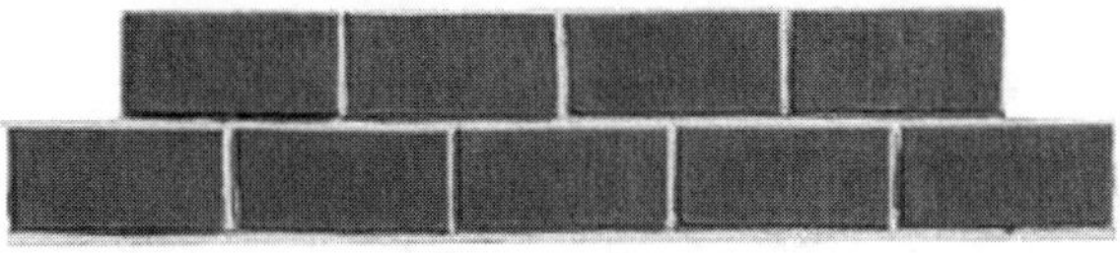

c) El valor de cada fruta

Encuentra el valor de cada una de las siguientes frutas de forma que todas las operaciones que aparecen en la siguiente figura sean correctas:

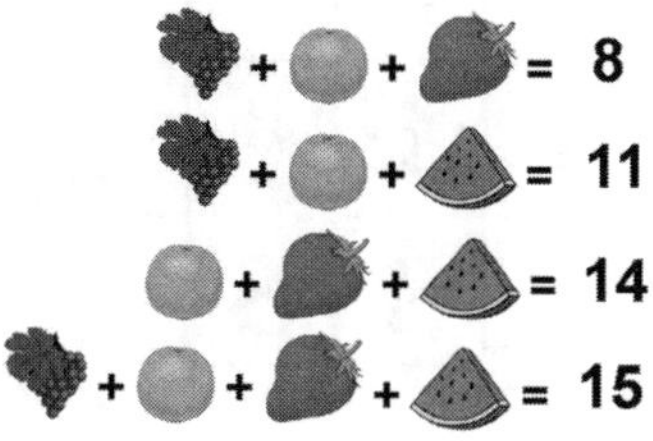

d) Los vecinos, separados

Sitúa los números del 1 al 8 en la siguiente figura de forma que dos números consecutivos no tengan ningún lado ni ningún vértice en común.

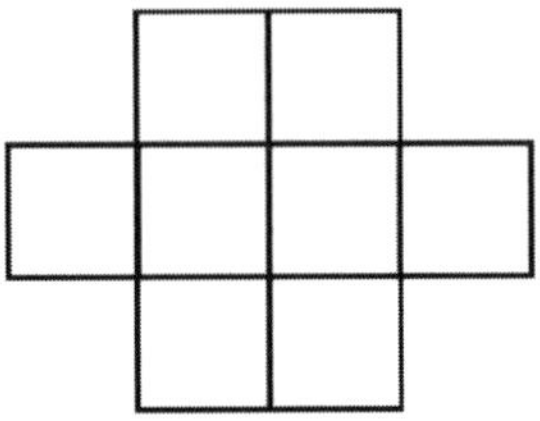

Soluciones:

a) 100 de 1 a 9

Hay muchas soluciones al reto, aquí tienes unas cuantas:

$1 + 2 + 3 + 4 + 5 + 6 + 7 + (8 \times 9) = 100$

$1 + 2 \cdot 3 + 4 + 5 + 67 + 8 + 9 = 100$

$1 + 2 \cdot 3 + 4 \cdot 5 - 6 + 7 + 8 \cdot 9 = 100$

$1 \cdot 2 + 34 + 56 + 7 - 8 + 9 = 100$

b) Cada cifra en su sitio

c) El valor de cada fruta

d) Los vecinos, separados

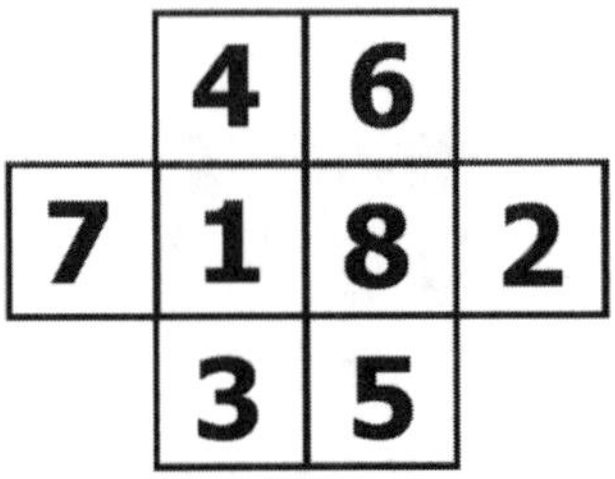

III. ACERCÁNDONOS AL INFINITO…

21 / 100

AJEDREZ Y MATEMÁTICAS

El ajedrez es un juego reflexivo en el que cada jugada debe ser muy bien estudiada y pensada en el conjunto del juego y no solamente de forma individual. Este imprescindible estudio y la gran cantidad de opciones posibles para cada jugada hace que los caminos del ajedrez y las matemáticas se hayan cruzado en múltiples ocasiones.

En la búsqueda de coincidencias podemos empezar por la leyenda que cuenta cómo el juego se inventó para intentar animar a un rey que había caído en una depresión. Tanto le gustó el juego al rey que, creyéndose omnipotente, le dijo a su inventor que podía pedir lo que quisiera, que él se lo proporcionaría.

El deseo del súbdito fue muy sencillo y, en principio, muy fácil de complacer: pidió 1 grano de trigo en la primera casilla del juego, 2 en la segunda, 4 en la tercera, 8 en la cuarta y así sucesivamente hasta llegar a la última, la que hacía 64.

Inmediatamente el rey pidió a sus sabios que le calculasen el número de granos de trigo necesarios para pagar a aquel inventor tan poco avaricioso. También hizo que le trajeran un par de sacos de trigo que suponía que serían suficientes para pagar.

El problema se originó cuando los matemáticos del rey le dijeron que necesitaría 18.446.744.073.709.551.615 ($2^{64} - 1$) granos de trigo. Si consideramos que, aproximadamente, 1.000 granos pesan unos 30 gramos, obtenemos que el peso de un grano de trigo es de unos 0,03 gramos. Por lo tanto, el trigo pedido por el inventor pesaría $(2^{64} - 1) \cdot 0{,}03$ g = 553.402.322.211.286.548 g = 553.402.322.211,286548 toneladas. Considerando que la producción mundial de trigo es de unos 650 millones de toneladas al año, ¡el rey necesitaría la producción mundial de 851 años!

A parte de esta sorprendente historia, debemos añadir que son muchos los grandes matemáticos que se han interesado por el juego del ajedrez, ejemplo de ello son Gauss, Euler, Legendre, De Moivre... Pero también ha pasado a la inversa, grandes jugadores de ajedrez han hecho sus aportaciones en el campo de la matemática o la informática: Steinitz, Lasker, Euwe, Botvinnik...

De hecho, el ajedrez ha sido una de las formas de comprobar el poder de algunos algoritmos informáticos: intentar crear un programa informático que pueda ganar al hombre ha sido siempre un gran reto. Finalmente, Deep Blue, de la compañía IBM, fue la primera máquina que ganó al campeón mundial de aquel momento, Gary Kaspárov, en 1996.

Además de todo lo explicado, existen una gran cantidad de problemas matemáticos y de ingenio relacionados con el ajedrez: recubrir un tablero al que le faltan dos esquinas opuestas con fichas de dominó, conseguir caminos cerrados para el caballo, simetrías...

Para acabar, te proponemos un problema en el que puedas seguir pensando. Se trata de colocar 8 reinas sobre un tablero de ajedrez de forma que ninguna de ellas amenace a otra. Este problema es tan antiguo que el matemático C. F. Gauss lo intentó abordar, pero no fue capaz de encontrar todas sus soluciones. De hecho, hay 92 soluciones al problema y el primero que las consiguió encontrar todas fue, atención, el matemático ciego Franz Nauck, en 1850. ¿Sabrás encontrar tú al menos una?

22 / 100

EL INFINITO Y LOS TIPOS DE INFINITO

El concepto de *infinito* se utiliza en muchos campos y, por lo tanto, es muy difícil de definir. ¿De qué infinito estamos hablando? Del matemático, del filosófico, del astronómico, del tecnológico...

En términos generales, y utilizando una definición de diccionario de la lengua y no de matemáticas, podríamos decir que infinito (∞) se refiere a algo sin ningún tipo de límite.

Pero en este capítulo intentaremos precisar un poco más. En teoría de conjuntos se dice que un conjunto A es infinito si existe un subconjunto propio de A (es decir, diferente de A), B, que se puede poner en biyección con A. Es decir, si existe algún subconjunto de A que se pueda poner en relación 1 a 1 con los elementos de A.

Esta definición es un poco difícil de entender, pero la intentaremos explicar. Por ejemplo, entre los conjuntos A = {1,2,3} y B = {7,8,9} se puede establecer una biyección, por ejemplo, la siguiente: 1↔7, 2↔8, 3↔9, de forma que a cada elemento del conjunto A le corresponda un único elemento del conjunto B y al revés. Así, decimos que hemos establecido una relación 1 a 1 entre los conjuntos A y B. En casos como este decimos que la cardinalidad de los dos conjuntos es la misma (en otras palabras, tienen el mismo número de elementos). A la vez, también está claro que el conjunto de los números naturales (N) y el conjunto A no tienen la misma cardinalidad, ya que no podemos establecer una relación 1 a 1 entre los dos conjuntos (el conjunto N tiene muchos más elementos que A).

Recuperando la definición de *infinito* que dábamos al principio y que fue establecida por primera vez por el matemático alemán Georg Cantor, veremos que el conjunto N es un conjunto infinito. Para hacerlo, bastará con que encontremos un subconjunto que se pueda poner en relación 1 a 1 con el propio conjunto. Consideremos N como el conjunto de los números naturales y P como el conjunto de los números pares. Claramente, el conjunto de los números pares es un subconjunto del conjunto de los números naturales, pero es diferente (en matemáticas lo escribimos así: $P \subsetneq N$). A pesar de ello, veamos que existe una biyección (una relación 1 a 1) entre los dos conjuntos.

Si consideramos que a cada número natural, n, le hacemos corresponder 2n, tendremos que a todo elemento del conjunto N le corresponde un único elemento de P, y al revés, a todo elemento de P le corresponde un único elemento de N. Así, el conjunto N cumple la definición dada por Cantor, tiene infinitos elementos, es decir, su cardinal es infinito.

Explicado esto, y aunque no te lo creas, el conjunto de números naturales, el conjunto de números pares, el conjunto de números impares, el conjunto de números enteros o el conjunto de números racionales (fracciones) tienen el mismo número de elementos. En todos estos casos decimos que se trata de conjuntos numerables y que su cardinalidad es $\aleph_0$ (aleph – 0): $\text{Card}(N) = \text{Card}(Z) = \text{Card}(Q) = \aleph_0$.

En cambio, el conjunto de números reales no es numerable, es decir, no podremos encontrar ninguna biyección (relación 1 a 1) entre los números naturales y los reales. En este caso decimos que la cardinalidad de los números reales es $\aleph_1$ (aleph – 1).

Por estas "locas" ideas, Cantor recibió muchas críticas que le hicieron caer en una depresión, a causa de la cual tuvo que ser internado en más de una ocasión. Actualmente estas ideas están del todo aceptadas, aunque para él sea demasiado tarde.

Lo que no pudo conseguir demostrar Cantor es si existe o no un infinito entre $\aleph_0$ y $\aleph_1$, es decir, si hay un infinito mayor que el de los números naturales y menor que el de los números reales. De hecho, la hipótesis del continuo asegura que no hay ningún infinito entre estos dos.

Finalmente, Kurt Godel demostró en 1940 que esta hipótesis no iba contra los axiomas de la teoría de conjuntos válida hasta el momento, pero en 1963 Paul Cohen demostró que considerarla falsa tampoco iba contra estos axiomas. ¡Estos son los inconvenientes de querer tratar con el infinito!

Espero que, como mínimo, te haya quedado un poco claro que existe más de un tipo de infinito.

23 / 100

GOOGLE VIENE DE GOOGOL

No es un hecho muy conocido que el nombre del buscador más famoso del mundo, Google, proviene de una palabra relacionada con las matemáticas. En todo caso, no nos adelantemos y empecemos por el principio.

La historia empieza en 1938, cuando el matemático Edward Kasner quería dar nombre a un número muy grande, concretamente 10^{100}, es decir, un 1 seguido de 100 ceros.

Al ver que no se le ocurría ningún nombre, le pidió consejo a su sobrino de 9 años, Milton Sirotta. La respuesta que le dio el chico fue "googol", y desde ese momento así se conoce al número 10^{100}.

1 googol = 10^{100} = 1000000000000000000000000000000000000000
000000000000000000000000000000000000000000000000000000000
00000

Como has visto, un googol es extremadamente grande; de hecho, es mayor que el número de átomos de hidrógeno que hay en el Universo.

Siguiendo con la misma idea, Kasner esta vez y no su sobrino, llamó googolplex a un 1 seguido de 1 googol de ceros, es decir, 10^{googol}, un número todavía más inimaginable:

1 googolplex = 10^{googol} = $10^{10000000000000000000000000000000000000000000000000000000000000000000000000000000000000000000000000000000}$

Pero te estarás preguntando qué tiene todo esto que ver con el nombre del buscador Google. A continuación te lo explicamos.

En 1996, Larry Page y Sergey Brin participaban en un programa de posgrado en informática y empezaron a colaborar en el desarrollo de un motor de búsqueda llamado BackRub. Este buscador se utilizó en los servidores de Stanford durante más de un año, pero finalmente la Universidad dejó de utilizarlo porque necesitaba demasiado ancho de banda.

Hacia 1997, Larry y Sergey pensaron que necesitaban un nombre nuevo para el buscador y, después de una lluvia de ideas, decidieron ponerle Google, haciendo un juego de palabras con el término matemático *googol*, que en inglés se pronuncia de forma similar. Les pareció un nombre muy adecuado, porque con él querían trasmitir la idea de que con su buscador eran capaces de organizar una cantidad casi infinita de información en la web.

Por cierto, a ver si aciertas cómo se llama la sede de Google en California. Pues sí, ¡Googleplex!

Ya ves, si esa tarde el sobrino de Kasner en lugar de decir *googol* hubiese dicho cualquier otra cosa, el nombre del buscador más utilizado hoy en día hubiera sido otro.

24 / 100

LAS TORRES DE HANOI Y LA LEYENDA DEL FIN DEL MUNDO

Si estás leyendo este libro es que el día 21/12/12 no se terminó el mundo como preveían los mayas. De hecho, esta predicción fatal no es la primera que se ha hecho. A continuación veremos una leyenda muy antigua que también nos explica cómo y cuándo se puede llegar a acabar el mundo. Dice así:

> En el gran templo de Benarés, en la India, bajo la cúpula que marca el centro del mundo, hay una base de bronce donde se encuentran tres agujas de diamante, cada una de ellas del grosor del cuerpo de una abeja y de una altura de 50 cm, aproximadamente. En una de estas agujas, Dios, en el momento de la creación, colocó 64 discos de oro, todos de diferente diámetro, ordenados de mayor a menor (observa la figura). Día y noche, sin parar, los sacerdotes del templo mueven los discos de una aguja a otra siguiendo tres reglas muy básicas:
>
> *a*) Solamente se puede mover un disco cada vez.
>
> *b*) Nunca puede dejarse un disco de un determinado diámetro sobre otro disco con un diámetro inferior.
>
> *c*) Solamente puede moverse un disco si no tiene otro disco encima.
>
> Cuando los 64 discos estén colocados sobre la tercera aguja, el mundo se acabará.

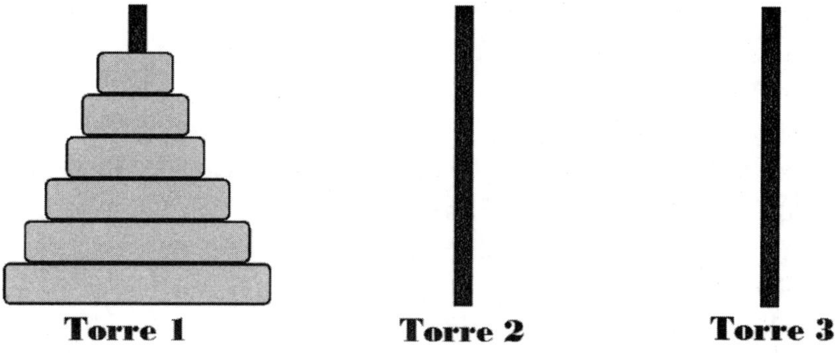

La pregunta que, inmediatamente, nos viene a la mente es si falta mucho tiempo para que el mundo se acabe.

Para poder contestar a la pregunta, deberemos calcular el número de movimientos necesarios para conseguir transportar los 64 discos de la primera columna hasta la tercera.

Por ejemplo, si tuviéramos un disco, solamente sería necesario un movimiento para conseguir nuestro objetivo, el que llevara el disco de la primera columna a la tercera. En caso de tener dos discos que trasladar, deberíamos hacer tres movimientos. Primero llevaríamos el disco menor hasta la torre central, después moveríamos el disco mayor hasta la tercera torre y, finalmente, llevaríamos el disco pequeño que tenemos en la segunda torre hasta la tercera.

En la siguiente tabla aparecen el número de movimientos necesarios en función del número de discos que haya en la primera torre. Si quieres, puedes entretenerte a comprobar que el número mínimo de movimientos es correcto.

Número discos	*Número movimientos*
1	$2^1 - 1 = 1$
2	$2^2 - 1 = 3$
3	$2^3 - 1 = 7$
4	$2^4 - 1 = 15$
5	$2^5 - 1 = 31$
n	$2^n - 1$

Así, para llevar los 64 discos hasta la última columna necesitaríamos: $2^{64} - 1 = 18.446.744.073.709.551.615$ movimientos.

Suponiendo que los monjes fueran capaces de mover un disco cada segundo y, haciendo turnos, pudieran no dejar de mover discos en ningún momento, tardarían 584.942.417.355 años en completar su misión.

Incluso suponiendo que los monjes se pusieron a trabajar con el origen del Universo (cosa evidentemente imposible) hace unos 14.000.000.000 años, todavía les quedarían 570.000.000.000 años para terminar su trabajo. Lamentablemente, antes de que pase este tiempo el Sol ya se habrá apagado y habrá devorado la Tierra en su final.

Así pues, podemos estar tranquilos.

25 / 100

DOBLANDO UNA HOJA DE PAPEL: CRECIMIENTO EXPONENCIAL

Suponiendo que fuese posible, ¿sabrías calcular a qué altura llegaría una hoja de papel que pudiéramos doblar 50 veces?

Para poder contestar a la pregunta, primero deberíamos saber qué grosor tiene una hoja. Para hacerlo, mediremos el grosor de un paquete de 500 hojas de papel de 80 g/m^2, por ejemplo. Si tenemos en cuenta que 500 hojas tienen un grosor aproximado de 5,5 cm, podemos deducir que una sola hoja tiene un grosor de 5,5:500 = 0,011 cm = 0,11 mm. Para asegurar nuestros cálculos, tomaremos por defecto 0,1 mm. Al hacer el primer doblez, tendremos un grosor de 0,2 mm. La segunda vez ya acumularemos 4 hojas y, por lo tanto, tendremos una altura de 0,4 mm. Siguiendo el mismo razonamiento, podemos obtener los resultados que aparecen en la siguiente tabla:

Número de dobleces	*Número de capas*	*Grosor*
1	2	0,2 mm
2	4	0,4 mm
3	8	0,8 mm
4	16	1,6 mm
5	32	3,2 mm
10	1.024	10,24 cm
20	1.048.576	104,86 m
30	1.073.741.824	107,37 km
40	$1{,}1\cdot 10^{12}$	110.000 km
50	$1{,}1259\cdot 10^{15}$	112.590.000 km

Si tenemos en cuenta que la distancia media de la Tierra a la Luna es de 384.400 km, doblando 50 veces la hoja podríamos llegar a ella sobradamente.

Como has podido ver, el crecimiento ha sido extremadamente rápido, ya que cada vez se ha ido duplicando el número de hojas que hay en el montón. De hecho, el número de hojas es 2^n, donde n es el número de veces que hemos doblado la hoja. A este tipo de crecimiento se le llama *crecimiento exponencial* (dependiendo de la base será más o menos rápido) y aparece en gran variedad de situaciones. A continuación tienes unas cuantas:

Biología. El número de microorganismos en un cultivo crece exponencialmente si no desaparece el nutriente. Un virus se extiende de forma exponencial si no es tratado. El número de miembros de una población en un ecosistema sin depredadores crece exponencialmente.

Física. Encontramos este tipo de crecimiento en la descomposición dentro de un material dieléctrico, en reacciones nucleares en cadena, en experimentos de transferencia de calor o en la desintegración radioactiva (base de la datación por carbono 14), por ejemplo.

Economía. El crecimiento económico se expresa en % y es, por lo tanto, un crecimiento exponencial. El interés compuesto a una tasa constante produce un crecimiento exponencial del capital.

Tecnología. El número de valores que se pueden generar con x bits también presenta un crecimiento exponencial al variar el número de bits.

Así pues, hemos visto que son muchas las situaciones que se pueden modelizar por medio del crecimiento exponencial.

26 / 100

SIN NOTICIAS DE GURB: INTERÉS SIMPLE Y COMPUESTO

Durante el verano de 1990 el diario *El País* publicó por entregas una novela llamada *Sin noticias de Gurb*, del conocido escritor Eduardo Mendoza. Se trata de una novela escrita en forma de diario de un extraterrestre que busca a Gurb, otro extraterrestre que se ha perdido por Barcelona y que tiene la apariencia de Marta Sánchez. Todo esto sirve a Mendoza para criticar una sociedad muy superficial.

Pero lo que a nosotros nos interesa de la obra es que, durante la búsqueda, el protagonista hace la siguiente pregunta: "Si una pera vale tres pesetas, ¿cuánto valdrán tres peras el año 3628? Solución: 987.365.409.587.635.294.736.489 pesetas."

Al principio puede parecer una exageración puesta a ojo y sin ningún fundamento, pero si, haciendo una aproximación, consideramos que el precio de las peras ha aumentado de forma constante durante los años, podremos llegar a ver que el aumento de precio anual será de, aproximadamente, el 3,29% y, por lo tanto, no es ninguna exageración.

Muy parecido es lo que pasa con el dinero que tenemos guardado en el banco a un interés compuesto. Pero antes de empezar con este tema veamos qué quiere decir *interés simple* e *interés compuesto*.

Como sabemos, cualquier banco nos ofrece un cierto interés por el dinero que tenemos guardado en él. Es decir, al cabo de cierto tiempo de guardarnos el dinero nos lo devuelve con un pequeño (muy pequeño, la mayoría de las veces) incremento (si no son preferentes, claro). A este pequeño incremento que nos da el banco se le llama *interés*. Es evidente que, durante el tiempo que hemos tenido nuestro dinero en el banco, éste no lo ha tenido guardado dentro de un cajón, sino que lo ha invertido obteniendo más dinero del que nos devuelve, ya que, en parte, ahí radica su negocio.

También nos puede interesar dejar nuestro dinero en el banco durante más de un período de tiempo (por ejemplo, durante tres años en lugar de solamente uno). Si cada año retiramos del banco el interés que produce nuestro dinero para empezar con el dinero que teníamos el primer día, decimos que se trata de un interés simple. Si, por el contrario, dejamos el interés que nos da el banco, durante el segundo año ya tendremos más dinero guardado y, por lo tanto, el interés que nos dará el banco al final de este segundo período de tiempo será mayor. En este caso decimos que se trata de interés compuesto.

No es muy difícil (pero sí más largo que el espacio del que disponemos) ver que la fórmula que nos da el capital final (C_f) que tendremos pasados t años a un interés del r% vendrá dada por las dos siguientes fórmulas (dependiendo de si se trata de interés simple o compuesto):

Interés simple: $$C_f=C_0\cdot[1+t\cdot i]$$

Interés compuesto: $$C_f=C_0(1+i)^t$$

$$i=\frac{r}{100}$$

Prefiero no hacer ningún comentario acerca de los bancos y de su forma de ganar dinero, pero actualmente el interés que ofrecen es menor del 1%. Como curiosidad, veamos en cuánto dinero se convertiría 1 euro (más exactamente, 166,386 pesetas de la época) invertido por Gurb en el año 1990, si en el 3628 todavía existiesen los bancos (rescatados o no), a un interés del 3%:

Interés simple:

$$C_f=1\cdot[1+1638\cdot 0{,}03]=50{,}14\text{ €}$$

Interés compuesto:

$$C_f=1\cdot(1+0{,}03)^{1638}=1.065.059.982.077.321.675.948{,}5\text{ €}$$

Es decir, si este espabilado extraterrestre hubiera puesto en el banco 1€ a un interés compuesto del 3%, en el año 3628 hubiera recogido ¡1.065 trillones de euros!

Como puedes ver, ya nos hemos vuelto a encontrar con el crecimiento exponencial, un crecimiento que, como ya habíamos visto, es explosivo.

¡Tal vez será el momento de dejar 1 euro en el banco para que nuestros "superfuturos" descendientes lo puedan recuperar!

27 / 100

EL HOTEL HILBERT, UN HOTEL CON INFINITAS HABITACIONES

Por suerte para los que habitamos islas que intentan aguantar una construcción desmesurada, un hotel con infinitas habitaciones no existe ni puede existir. Pero en la mente del gran matemático alemán David Hilbert (1862-1943) sí era posible. Veamos cuáles serían las características de un hotel como este y cómo podríamos alojar en él unos cuantos infinitos turistas.

Un hotel con infinitas habitaciones sería un lugar insólito donde todo el mundo querría alojarse, por tanto, pronto tendría todas sus infinitas habitaciones llenas. Pero, ¿y si llegase un turista que también quisiera alojarse en él? Esta persona ofrecería al recepcionista una buena propina para conseguir una habitación individual. ¿Cómo podría solucionar el problema este eficiente trabajador? Muy fácil, cogería el micrófono con el que se puede comunicar a la vez con todas las habitaciones y pediría a cada cliente que se cambiase a la habitación n+1, donde n sería la habitación en la que estuviera en aquel momento. Es decir, cada turista debería pasar a la siguiente habitación y quedaría la habitación número 1 para que el recién llegado pudiese quedarse en el hotel.

Pero, ¿qué pasaría si momentos después llegase un autobús con 60 pasajeros dispuestos a pasar la noche en habitaciones individuales? El recepcionista pensaría que 60 propinas bien se merecen el esfuerzo. Así que pediría de nuevo a cada cliente que se pasara a la habitación n+60. De esta forma, las habitaciones que van de la 1 a la 60 quedarían libres para que los 60 nuevos visitantes tuvieran un lugar donde pasar la noche y el recepcionista tendría 60 nuevas propinas.

El problema se agravaría si en algún momento llegara un autobús con infinitos pasajeros. Esta vez, el recepcionista lo tendría un poco más complicado, pero la perspectiva de obtener infinitas propinas lo convencería de que puede superar el obstáculo. Ni corto ni perezoso (expresión nunca más adecuada), pediría a cada turista que se cambiara a la habitación 2n. Es decir, cada cliente debería irse a la habitación que tuviera como número el doble de la que tiene en ese momento. Así quedarían todas las habitaciones impares libres y, por lo tanto, tendría infinitas habitaciones donde alojar a los infinitos nuevos turistas. Para organizar un poco la instalación, pediría a cada nuevo cliente que se fuera a la habitación $2k - 1$, donde k sería el número del asiento del autobús en el que habían llegado.

Y, cuando el recepcionista ya fuese infinitamente rico por las propinas anteriores, todavía se podría complicar una poco más su labor. Imaginemos que llegan infinitos autobuses infinitos. ¡Esta vez sí que se tendría que exprimir las neuronas!

Pero, como lamentablemente estamos acostumbrados a ver, nunca se tiene suficiente dinero y la idea de un número infinito de infinitas propinas sería suficiente para que el recepcionista volviera a trabajar. De nuevo, cogería el micro y pediría a cada huésped que se pasara a la habitación 2k, quedando otra vez todas las habitaciones impares libres. Finalmente, al pasajero m del autobús n le asignaría la habitación $3^m \cdot 5^n$, que estaría libre porque se trata de un número impar. Así podría colocar a los infinitos nuevos turistas de los infinitos autobuses infinitos y quedarían además algunas habitaciones vacías para cazar alguna propina más.

¡Ya has visto como un hotel con infinitas habitaciones te puede hacer rico!

28 / 100

SOLAMENTE CON TRES CIFRAS

Antes de seguir leyendo, te proponemos que pienses cuál es el número más grande que se puede escribir utilizando solamente tres cifras. No puedes utilizar ningún signo aritmético ni ninguna otra cosa que no sean estas tres cifras. ¿Lo tienes?

Si has pensado en el 999, la respuesta no es correcta, puedes hacerlo mejor. Si utilizas potencias, puedes conseguir números todavía mayores. De hecho, utilizando tres nueves puedes escribir los siguientes números:

$$99^9 \quad 9^{99} \quad 9^{9^9}$$

Veamos cuál de los tres números es mayor, cuántas cifras tiene cada uno de ellos y cuántas hojas necesitaríamos para escribir el mayor de los tres.

Dado que $9^9 = 9{\cdot}9{\cdot}9{\cdot}9{\cdot}9{\cdot}9{\cdot}9{\cdot}9{\cdot}9 = 387.420.489$, está claro que $9^{99} < 9^{9^9}$.

Si calculamos el logaritmo en base 10 de un número, la parte entera del resultado nos indica la cantidad de cifras que tiene el número menos una unidad. Por ejemplo, $\log(124) \approx 2{,}09$; $\log(56709) \approx 4{,}75$. Así podremos calcular el número de cifras que tiene cada uno de los tres números anteriores sin necesidad de escribirlos enteros.

$\log(99^9) \underset{\log(a^b) = b \times \log a}{=} 9{\cdot}\log 99 \approx 17{,}96$, por lo tanto, 99^9 tiene 18 cifras.

$\log(9^{99}) = 99{\cdot}\log 9 \approx 94{,}47$, por lo tanto, 9^{99} tiene 95 cifras. A nivel de curiosidad, aquí lo tienes entero:

$9^{99} = 295126654306527521487534802261977363143592725170438328860638846376769434334780203327094110048 89$

Finalmente, veamos cuántas cifras tiene el número 9^{9^9}:

$$\log(9^{9^9}) = \log 9^{387420489} = 387.420.489 \cdot \log 9 \approx 369.693.099{,}6$$

Así pues, este último número tiene 369.693.100 cifras.

Para que te hagas una idea de la longitud del número, calcularemos cuántas hojas rellenaríamos si lo escribiéramos entero. En una página estándar de un procesador de textos normal, utilizando un cuerpo de letra número 12 y la fuente Times New Roman, caben 3.500 dígitos. Por lo tanto, si consideramos que las páginas están escritas a dos caras, en cada página caben 7.000 dígitos. Haciendo la división, obtenemos que serían necesarias 52.814 hojas para escribir todo el número. Dado que 500 hojas blancas tienen un grosor aproximado de 5,5 cm, la torre de hojas llegaría a una altura de 581 cm, es decir, para poder escribirlo necesitaríamos una columna de hojas de casi 6 m de altura.

¿Te hubieras imaginado nunca que tres cifras pudieran dar para tanto?

29 / 100

EL NÚMERO PI Y SU DÍGITO 2.000 BILLONES

Hace unos años, la BBC anunció que Nicholas Sze, un investigador de la compañía Yahoo, había calculado el dígito 2.000 billones del número π (2.000×10^{12}). Dicho así no nos podemos hacer una idea de cuál es el tamaño de este descubrimiento, pero si pensamos que en una página caben 7.000 dígitos y utilizamos volúmenes de 200 hojas cada uno, el dígito que se ha descubierto estaría escrito en el volumen 1.428.571.429 (puedes dedicarte a pensar hasta qué altura llegaríamos si los apiláramos todos).

Pero, ¿qué es el número π y qué importancia puede tener haber descubierto este dígito?

Primero, hay que decir que el número π es la relación que hay entre la longitud de una circunferencia y su diámetro. Es un número irracional (tiene infinitas cifras decimales no periódicas, por lo que no puede ser expresado como cociente de dos enteros) y sus primeras cifras (muy alejadas de la 2.000 billones) son 3,14159265358979323846...

Teniendo en cuenta que al aproximar el número π por el número anterior cometemos un error menor que el tamaño de un átomo de hidrógeno, ¿por qué esta locura por buscar cada vez más cifras del número, si ya sabemos que nunca se obtendrán todas? Pues la respuesta es clara, para poner a prueba las técnicas de computación: con mejores algoritmos y mejores ordenadores se obtendrán más cifras de este número.

De hecho, este vip del conjunto de los números ya había sido utilizado antes para explorar los límites de la mente humana cuando un japonés recitó de memoria sus 100.000 primeras cifras. Para cumplir esta proeza estuvo 16 horas y media sin parar de "vomitar" números y sin equivocarse ni una sola vez. Para que te hagas una idea, estas 100.000 cifras llenarían de números 29 páginas enteras. Y aquí es donde mis alumnos siempre preguntan: ¿Y esto para qué sirve?

Por cierto, se me olvidaba decir que el dígito 2.000 billones resultó ser un 0.

30 / 100

UNA PARADA EN EL CAMINO: PROBLEMAS DE INGENIO II

Como ya te explicamos en el capítulo "Una parada en el camino: problemas de ingenio", aproximadamente cada 10 capítulos haremos una parada para romper un poco el ritmo y te propondremos unos cuantos problemas de ingenio matemático, de forma que puedas ser el protagonista de la propuesta.

Aquí van los problemas correspondientes a esta parada:

a) Dos postes y una cuerda. Una cuerda de 40 metros tiene sus dos extremos atados a la parte superior de dos postes de 22 metros de altura. Si la cuerda cuelga a 2 metros del suelo, ¿sabrías decir cuál es la separación que hay entre los dos postes?

b) Los extraterrestres se comunican. Desde una nave extraterrestre nos han enviado los siguientes mensajes y están esperando que les contestemos con el símbolo siguiente a la secuencia. ¿Sabrías descubrir cuál es el símbolo que les deberemos enviar para que capten que somos seres inteligentes (aunque a veces lo disimulemos) y hemos entendido su secuencia?

c) La isla del tesoro. Queremos llegar a una pequeña isla como la que aparece en la figura. La distancia que hay desde la orilla hasta la isla central es de 30 metros y solamente disponemos de dos tablones de 29 metros. La densidad de los dos tablones es tal que ni siquiera flotan, y además no tenemos ninguna herramienta que nos permita unirlos para formar otro de mayor longitud. ¿Sabrás ingeniártelas para conseguir llegar a la isla central y poder obtener el tesoro?

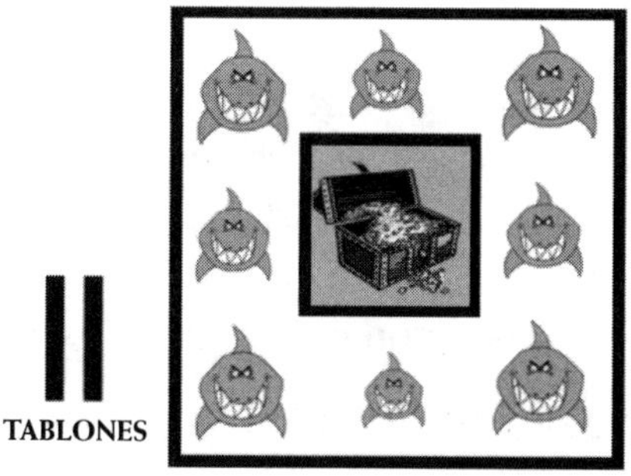

d) Completando las frases. ¿Sabrías completar la siguiente frase de forma que resulte cierta?

Esta frase tiene ______ palabras.

El reto es muy fácil, ¿no?
Pero ¿sabrías hacer lo mismo con la siguiente frase?

Esta frase tiene __________ letras.

Como ya te habíamos sugerido en la parada anterior, intenta no mirar las soluciones hasta que estés completamente seguro de que no sabes resolver los retos. Si no lo has intentado con la suficiente insistencia, te recomiendo que sigas leyendo y vuelvas en otro momento a enfrentarte a ellos.

Soluciones:

a) Dos postes y una cuerda. Imaginemos por un momento que los dos palos estuvieran juntos. En esta situación, la cuerda colgaría exactamente a 2 metros del suelo, ya que necesitaría 20 metros para bajar y los otros 20 para volver a subir. Si separamos un poco los postes, la altura a la que colgará la cuerda será superior. Por lo tanto, la única forma en que la cuerda puede colgar a 2 metros del suelo es el caso en el que los palos estén pegados.

b) Los extraterrestres se comunican. Los extraterrestres nos han enviado los cinco primeros números naturales pero doblados por medio de una simetría respecto a un eje vertical. En la siguiente figura puedes encontrar el símbolo que les tendremos que devolver para que comprueben que, a ratos, somos seres inteligentes.

c) *La isla del tesoro*. Bastará con colocar los dos tablones como puedes ver en la siguiente figura.

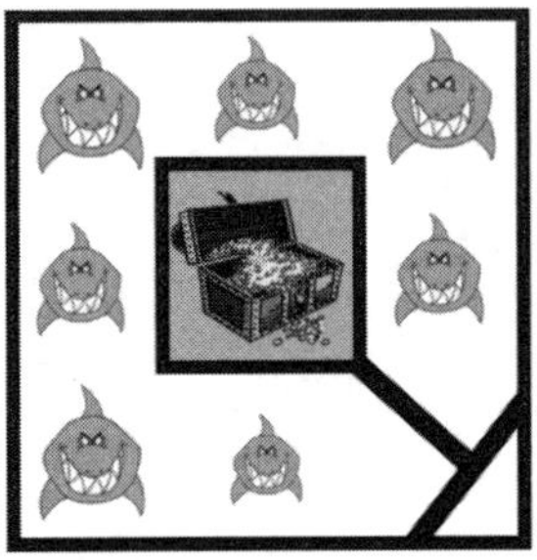

d) *Completando las frases.*
Esta frase tiene cinco palabras.
Esta frase tiene treinta y una letras.

IV. GEOMETRÍA, LA MEDIDA DE LA TIERRA

31 / 100

ERATÓSTENES Y EL CÁLCULO DEL RADIO DE LA TIERRA

En época de satélites y alta tecnología, no nos extraña nada conocer datos de la Tierra como pueden ser su radio, su masa o la distancia a la que estamos del Sol, por ejemplo. Pero también está bien preguntarnos desde cuándo se conocen estos datos. Más concretamente, ¿desde cuándo se conoce el radio de la Tierra? Y, ¿cómo se las ingeniaron para calcularlo?

Para contestar a este par de preguntas, debemos remontarnos en el tiempo hasta el siglo III a. C., cuando Eratóstenes, un matemático, astrónomo y geógrafo griego, ideó un procedimiento muy inteligente para calcular el radio de la Tierra. Veamos qué hizo.

El matemático sabía que en Siena (actualmente Asuán, en Egipto) el día del solsticio de verano ningún objeto proyectaba sombra, es decir, los rayos del Sol caían perpendicularmente. Suponiendo que Alejandría estaba situada a la misma longitud (aunque realmente están separados por 3°) y que el Sol estaba tan alejado que se podía considerar que los rayos eran paralelos, Eratóstenes midió la longitud de la sombra producida en Alejandría a las 12 del mediodía del mismo día del solsticio. Así pudo calcular que la distancia entre las dos ciudades era de 1/50 partes de la circunferencia de toda la Tierra (que suponen 7° 12'). Finalmente, solamente tuvo que calcular la distancia sobre el terrero que había entre las dos ciudades. Así, calculó que esta distancia era de 5.000 estadios, de donde pudo deducir que toda la circunferencia de la Tierra medía 5.000 x 50 = 250.000 estadios. Finalmente, hizo una pequeña corrección y la dejó en 252.000 estadios. Si consideramos que un estadio de la época medía 184,8 m, la longitud de la circunferencia de la Tierra le salió de 252.000 x 184,8 = 46.569.600 m = 46.569,6 km, que supone un radio de 7.411,782 km frente a los 6.371 km que se considera actualmente que tiene. Seguramente pensarás que no acertó demasiado, pero si considerásemos que en lugar del estadio de 184,8 m hubiera utilizado el de 157,5 m, el radio sería de 6.316,860 km, que es un resultado mucho más ajustado.

En cualquier caso, Eratóstenes cometió unos cuantos errores, como son considerar la Tierra esférica, los 3 grados de diferencia que hay entre la longitud de Siena y Alejandría, no acertar del todo en la distancia entre Siena y Alejandría, que el ángulo de inclinación tal vez no fuera exactamente ese... A pesar de todo esto, el razonamiento es correcto y resolvió el problema con las herramientas de que disponía, hecho totalmente loable.

En la siguiente figura se resumen los datos más importantes que utilizó el matemático en su cálculo.

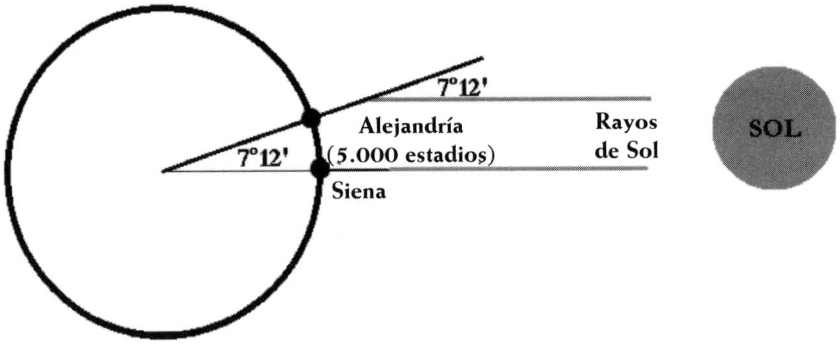

Para terminar, nos gustaría recordar que Eratóstenes también es el creador de la criba que lleva su nombre (en el capítulo "Los números primos nos ayudan a comprar por Internet" encontrarás más información).

32 / 100

EMBALDOSANDO EL SUELO

Supongamos que queremos embaldosar el suelo de casa utilizando polígonos regulares. Veamos de qué formas podemos hacerlo.

Si suponemos primero que queremos utilizar solamente un tipo de polígono regular, veremos que, debido a los ángulos de dichas figuras, solamente podremos utilizar tres tipos de polígonos: el triángulo equilátero, el cuadrado y el hexágono regular. No es muy difícil demostrar que ningún otro polígono regular nos va a servir para lo que queremos. En estos tres casos, el suelo nos quedará de las siguientes formas:

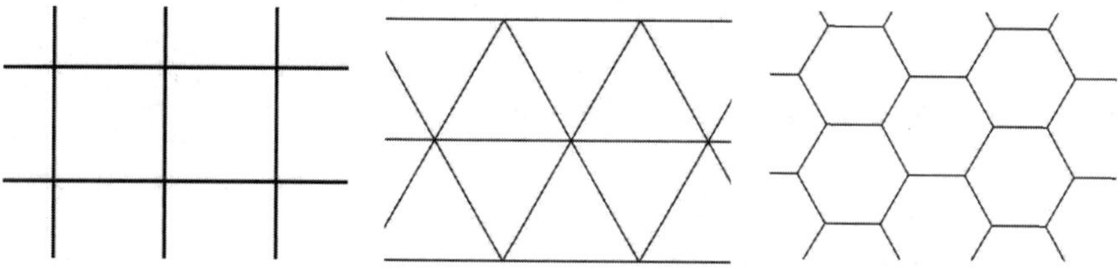

Figura 1: los tres tipos de mosaicos regulares.

Técnicamente, lo que hemos hecho se llama *mosaico*. Es decir, un recubrimiento del plano por medio de figuras planas que cumplen lo siguiente:

1) Recubren completamente el plano, es decir, no dejan vacíos.

2) Las piezas no se pueden superponer.

En caso de utilizar un único tipo de polígono regular, se trata de un mosaico regular. Como ya hemos indicado, solamente existen tres tipos de mosaicos regulares.

Si queremos ser un poco más creativos, podemos utilizar mosaicos semiregulares, es decir, utilizar más de un polígono regular pero cumpliendo siempre la condición que en todos los vértices siempre coincidan el mismo número de polígonos y del mismo tipo. En este caso existen ocho tipos de mosaicos semiregulares. Son los siguientes:

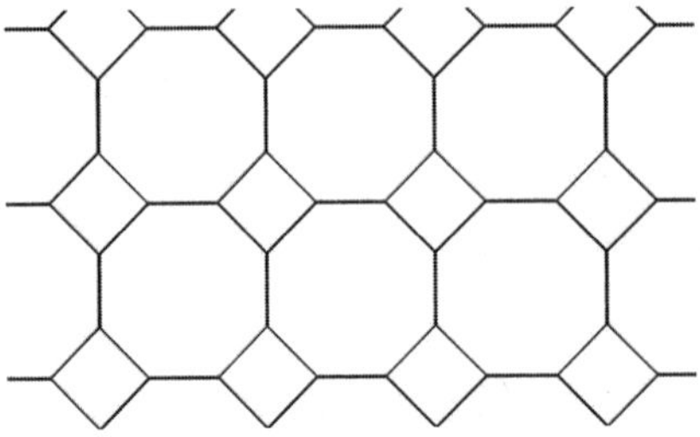

Cuadrado + octágono.

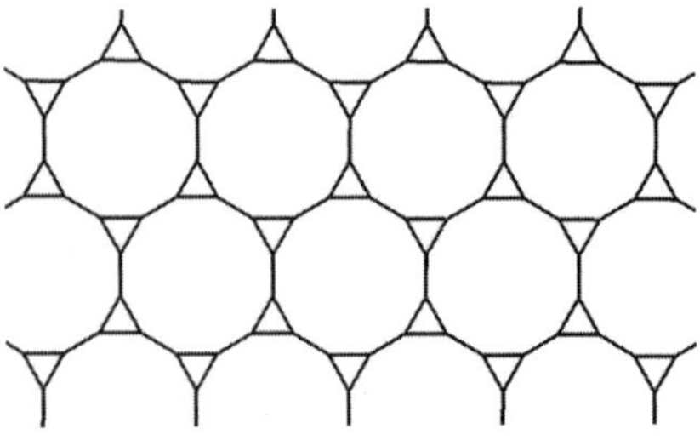

Dodecágono + triángulo equilátero.

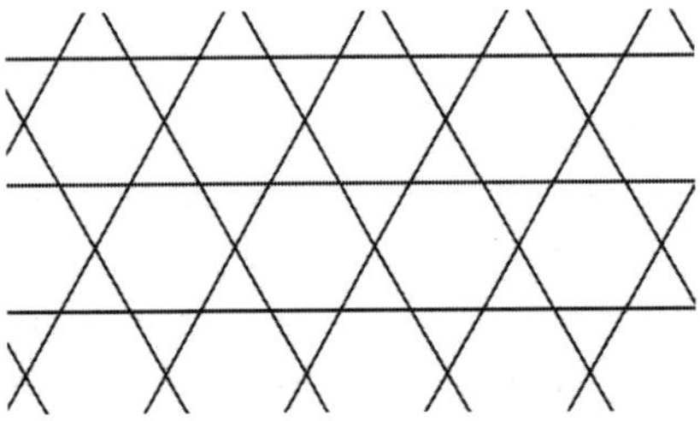

Hexágono + triángulo equilátero.

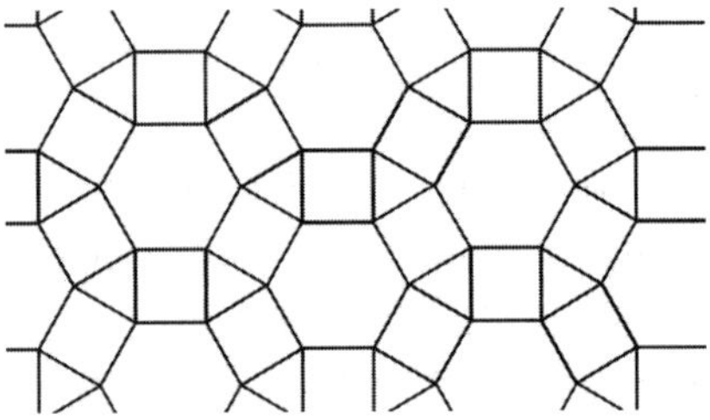

Hexágono + cuadrado + triángulo equilátero.

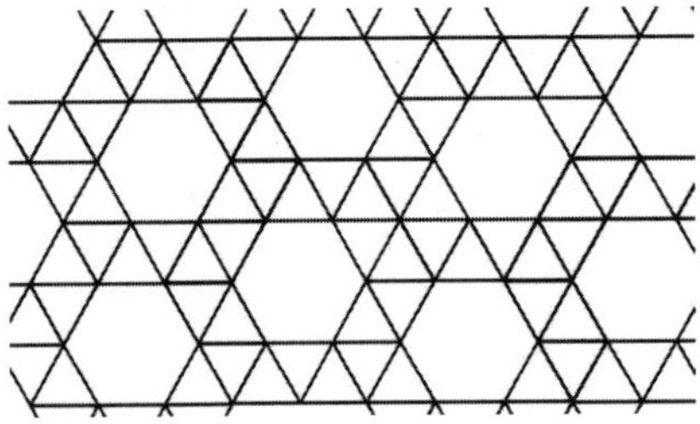

Hexágono + triángulo equilátero (II).

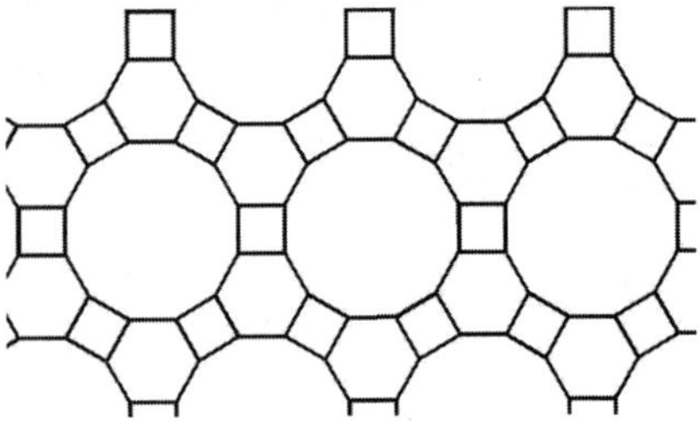

Dodecágono + hexágono + cuadrado.

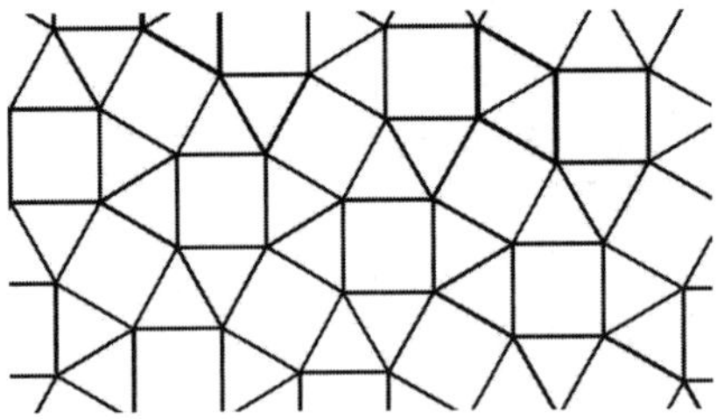

Cuadrado + triángulo equilátero.

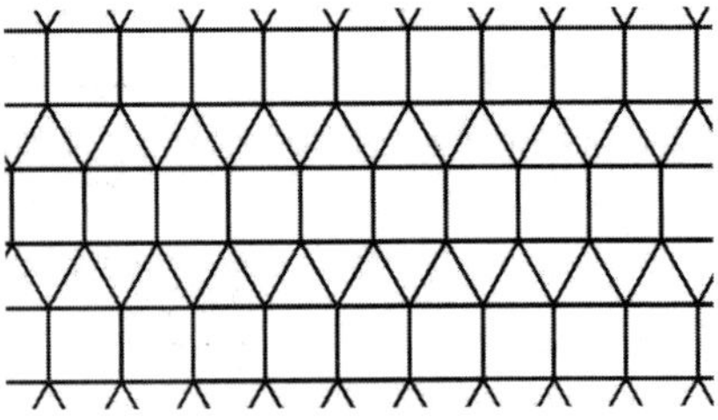

Cuadrado + triángulo equilátero (II).

Nota: es evidente que existen muchos otros tipos de mosaicos, pero estos ya no cumplen todas las condiciones expuestas. Por ejemplo, si no se cumple que en cada vértice aparezcan los mismos polígonos (y entonces se llaman *mosaicos semiregulares no uniformes*), se pueden añadir otros siete modelos diferentes. ¿Sabrías encontrarlos?

33 / 100

EL TEOREMA DE PITÁGORAS

Sin duda, el teorema matemático más conocido es el teorema de Pitágoras.

Veamos a continuación qué afirma, a quién se atribuye, alguna demostración y alguna curiosidad.

El teorema de Pitágoras dice lo siguiente: "Un triángulo es rectángulo si, y solamente si, el cuadrado de la hipotenusa es igual a la suma de los cuadrados de los catetos". Aunque es así como prácticamente todo el mundo lo conoce, en sus inicios, el teorema decía algo muy parecido a: "Dado un triángulo de vértices ABC, el ángulo A es recto (es decir, el triángulo es rectángulo) si, y sólo si, el área del cuadrado sobre el lado a, opuesto a A, es igual a la suma de las áreas de los cuadrados sobre los otros dos lados b y c ($a^2 = b^2 + c^2$)".

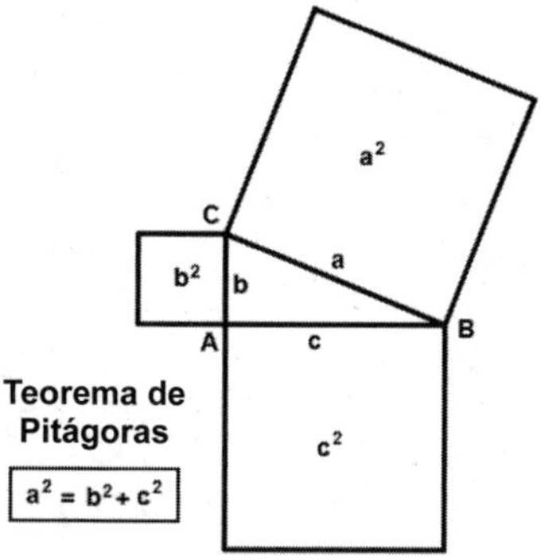

Dicho teorema lleva el nombre de Pitágoras (aprox. 570 a. C. – 475 a. C.) ya que, por tradición, se le atribuye su enunciado y su demostración, aunque muy posiblemente ya se conocía y se había demostrado antes de la existencia de Pitágoras y sus fieles pitagóricos (parece ser que el matemático era el líder de una especie de secta). De hecho, en Babilonia y Egipto se han encontrado ternas de números que cumplen el teorema pero que son anteriores al matemático.

A parte de ser el teorema más conocido, también es el que tiene más demostraciones diferentes. Tanto es así que en 1940 Elisha Scott Loomis publicó el libro *The Pythagorean Proposition*, donde recogía 370 demostraciones diferentes. De hecho, este libro fue el causante de que en 1991 el teorema de Pitágoras apareciera en el libro Guinness de los récords como el teorema más demostrado.

Entre las demostraciones que pueden resultar más curiosas, podemos encontrar las siguientes: *a*) la que aparece en el *Chou Pei*, una obra china escrita entre el 500 y el 300 a. C.; *b*) la demostración de Euclides en su gran obra *Los elementos*; *c*) una demostración basada en los mosaicos árabes atribuida a Annairizi de Arabia; *d*) la hecha por Leonardo da Vinci; *e*) la del vigésimo presidente de los EEUU, James A. Garfield, en 1876...

Para acabar, te dejamos con un par de retos. En el fondo se trata de otras dos demostraciones. En las dos figuras aparecen los dos cuadrados formados sobre los catetos ya divididos en unas cuantas piezas. Pues bien, se trata de que recompongas las piezas dentro del cuadrado formado sobre la hipotenusa, demostrando así la validez del teorema.

Nota: la primera se llama *demostración de Perigal*, en honor al inglés Henry Perigal (1801-1898), que utilizó dicha construcción para demostrar el teorema. La segunda se la debemos al matemático chino Liu Hui, que vivió durante el siglo III.

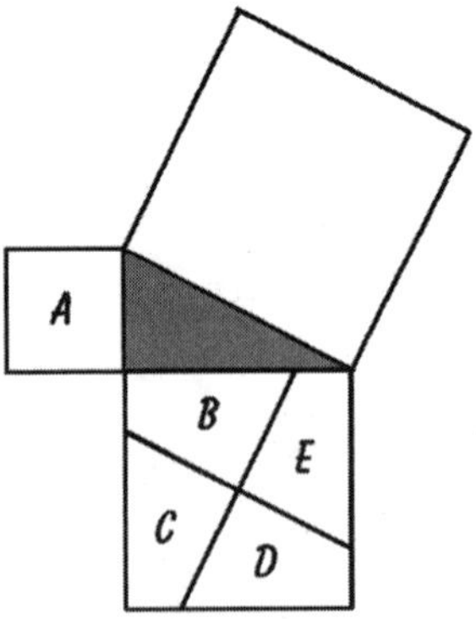

Demostración de Perigal.

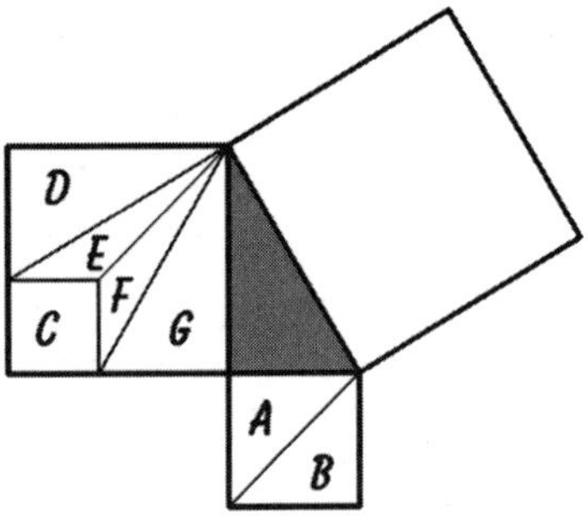

Demostración de Liu Hui.

34 / 100

LOS TRES PROBLEMAS GEOMÉTRICOS GRIEGOS: TRES PROBLEMAS SIN SOLUCIÓN

Seguramente alguna vez habrás oído la expresión "Esto es la cuadratura del círculo" referida a una cosa prácticamente imposible. Pero, ¿qué quiere decir exactamente esta expresión y cuál es su origen?

Para contestar esta pregunta nos tendremos que remontar al siglo V a. C. Nos encontramos con una geometría griega que todavía no está sistematizada y con tres problemas importantes pendientes de resolución.

Antes de describir estos tres problemas, debemos añadir que las construcciones que se pedirán a continuación deben estar hechas con regla (sin marcas, es decir que solamente puedan trazar líneas rectas) y compás.

La cuadratura del círculo. La cuadratura del círculo consiste en construir un cuadrado de la misma superficie que un círculo dado. Anaxágoras fue el primero que lo intentó resolver, pero después de él multitud de matemáticos profesionales y aficionados también lo han intentado. La solución (posible o imposible) de este problema pasa por el hecho de que el número π (básico para calcular el área de un círculo) sea algebraico (es decir, que se pueda obtener como raíz de un polinomio con coeficientes racionales). En resumen, en el año 1882, el matemático Lindemann demostró que π es trascendente (lo contrario de algebraico) y, por extensión, demostró que nunca podríamos resolver el problema utilizando únicamente regla y compás.

Es decir, la cuadratura del círculo es un problema que no tiene solución.

Para acabar, y a modo de anécdota, debemos decir que incluso después de esta demostración todavía existen personas convencidas de haber obtenido la cuadratura del círculo. ¡Esto sí que es confianza en uno mismo!

La trisección del ángulo. Otro de los tres problemas clásicos consiste en dividir un ángulo cualquiera en otros tres ángulos iguales. En 1837, el matemático francés P. L. Wantzel publicó por primera vez una demostración acerca de la imposibilidad de resolver el problema con las condiciones planteadas. Y, aunque sea imposible utilizando solamente regla y compás, la división sí es posible utilizando otros medios.

La duplicación del cubo. Este problema, que también se conoce como *el problema de Delos*, va relacionado con una leyenda. La leyenda cuenta que los habitantes de Delos fueron a pedir al oráculo de qué forma se podían librar de una peste que estaba matando a la cuarta parte de la población de Atenas. La respuesta que obtuvieron fue que la peste desaparecería cuando duplicaran el volumen del altar cúbico que estaba dedicado a Apolo. Sin pensárselo dos veces, decidieron duplicar la arista del altar, pero, a pesar de haber cumplido con la condición, la peste no remitía. De hecho, al duplicar la arista lo que habían hecho era multiplicar el volumen del cubo por 8 en lugar de duplicarlo. Y de aquí surge el tercer problema clásico, ¿cómo se puede conseguir que el volumen de un cubo se duplique?

Como los otros dos problemas, es irresoluble. De hecho, lo que se tiene que conseguir es construir un cubo con una arista que mida $\sqrt[3]{2}$ veces la arista original, pero este número no se puede construir con las condiciones expuestas al inicio del capítulo. También fue Wantzel quien en 1837 demostró que era imposible encontrar la solución buscada.

En resumen, los tres problemas son irresolubles y, aunque hace casi 200 años que se sabe, todavía quedan personas que, llevadas por una alta autoestima (y poca confianza en las matemáticas), intentan resolverlos.

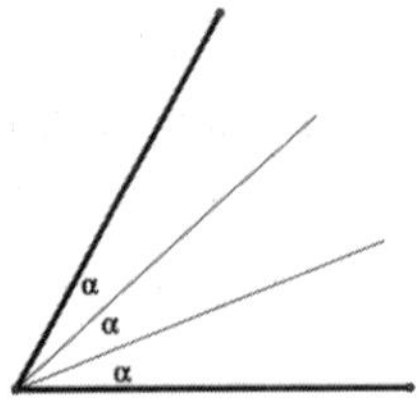

Trisección del ángulo.

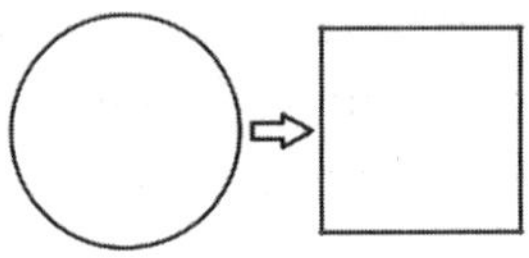
Cuadratura del círculo.

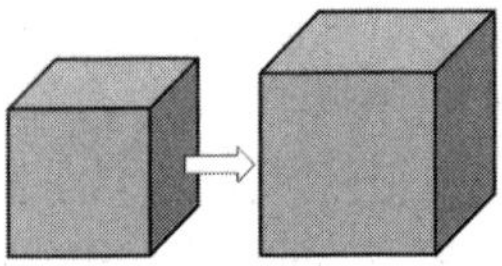
Duplicación del cubo.

35 / 100

UN MUSEO PERFECTAMENTE VIGILADO

Supongamos que queremos contratar a unos cuantos vigilantes para tener el museo que se puede ver en la figura 1 completamente vigilado. Dado que queremos reducir los costes al máximo, necesitaremos saber cuántos vigilantes debemos contratar como mínimo y dónde los tendremos que colocar para que no queden puntos ciegos. Es decir, no puede quedar ninguna región que no esté a la vista de algún vigilante. Por ejemplo, con cuatro vigilantes quietos situados donde se puede ver en la figura 2, el museo no quedaría del todo protegido.

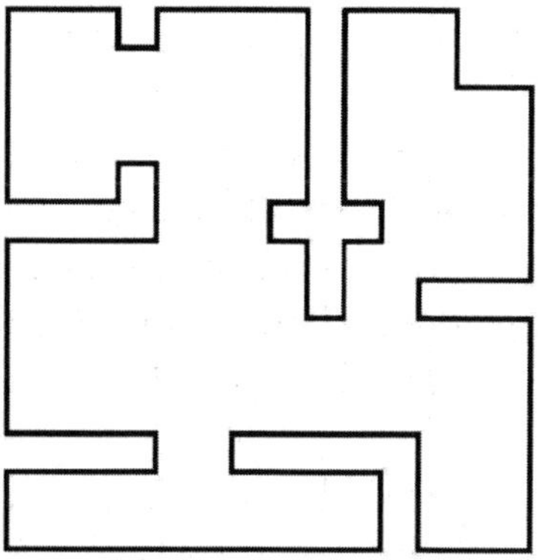

Figura 1.

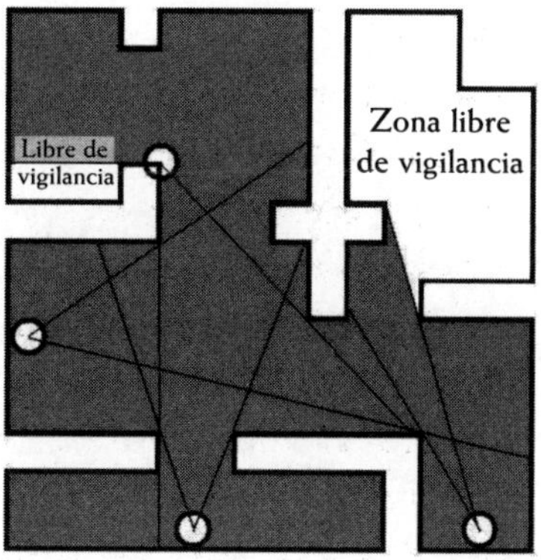

Figura 2.

Por suerte, las matemáticas ya se han planteado antes una pregunta como ésta. De hecho, existe un teorema llamado *teorema de las Galerías de Arte* que asegura que para vigilar una galería de arte poligonal con n vértices siempre serán suficientes $\left\lfloor \frac{n}{3} \right\rfloor$ vigilantes. Además, también nos asegura que siempre habrá galerías que necesitarán exactamente ese número de vigilantes.

Recordemos que $\lfloor a \rfloor$ es la parte entera de cualquier número positivo. Por ejemplo, $\lfloor 4{,}23 \rfloor = 4$ o $\lfloor 7{,}83 \rfloor = 7$.

Apliquemos este resultado a nuestro caso. Nuestro museo tiene 42 vértices y, por lo tanto, se puede asegurar que con $\left\lfloor \frac{42}{3} \right\rfloor = \lfloor 14 \rfloor = 14$ vigilantes quedará completamente vigilado. Pero este número siempre nos indica un máximo, es decir, es seguro que con 14 vigilantes bien situados quedará completamente vigilado, pero es posible que no sean necesarios todos. De hecho, utilizando solamente 4 vigilantes es posible que no quede ni un solo rincón sin vigilancia. ¿Te animas a buscar el lugar donde poner los 4 vigilantes para que no quede ni un solo punto ciego?

Y, para acabar, un par de resultados más.

Si se permite que cada guardia se pueda pasear al lado de una pared del museo, se cree que, exceptuando algunos valores de n, serán suficientes $\left\lfloor \frac{n}{4} \right\rfloor$ vigilantes.

Finalmente, si de lo que se trata es de vigilar un recinto desde el exterior, como podría ser una cárcel, por ejemplo, o iluminar un edificio desde la calle, serían suficientes $\left\lceil \frac{n}{2} \right\rceil$ focos para que todo el exterior quedase completamente iluminado.

36 / 100

¿A QUÉ DISTANCIA ESTÁ EL HORIZONTE?

Una de las estampas más bonitas de las cuales podemos disfrutar en Menorca los días de verano (y cualquier otro si hace buen tiempo) es una puesta de Sol. Cuando vemos que va desapareciendo el Sol nos parece que lo hace en la inmensidad, pero, y sin querer romper el encanto, ¿a qué distancia cae la inmensidad? Es decir, ¿es posible calcular la distancia a la que se encuentra el horizonte?

La respuesta es afirmativa y a continuación la calcularemos.

Los cálculos necesarios no son demasiado complicados, será suficiente con utilizar el teorema de Pitágoras del que hemos hablado en el capítulo 33.

Antes de seguir, observa la siguiente figura. En ella aparece un observador, que será la persona que mira el horizonte (que aparece claramente desproporcionado respecto al radio de la Tierra, pero servirá para fijar ideas), y la distancia que vamos a calcular, d. Aplicando el teorema de Pitágoras al triángulo rectángulo que tiene por hipotenusa R + h (los cuales son conocidos) y por catetos R (conocido también) y d (que pretendemos calcular), podremos descubrir la distancia buscada.

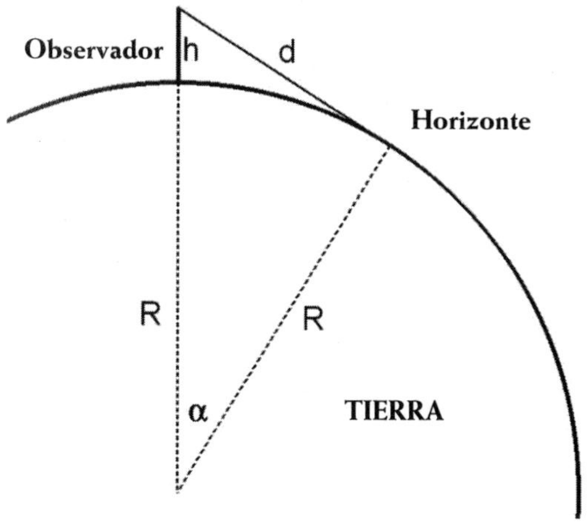

Como hemos dicho, aplicando el teorema de Pitágoras obtenemos:

$$(R+h)^2=R^2+d^2$$
$$R^2+h^2+2Rh=R^2+d^2$$
$$h^2+2Rh=d^2$$
$$d=\sqrt{h^2+2Rh}$$
$$d\approx\sqrt{2Rh}$$

Hemos obviado h^2 porque es insignificante en comparación con 2Rh.

Así, para una persona que tenga los ojos a una altura de 1,7 m del suelo y teniendo en cuenta que el radio medio de la Tierra es de 6.371 km, el horizonte se encontrará a una distancia de:

$$\mathbf{d\approx\sqrt{2\cdot 6371\cdot 0{,}0017}\approx 4{,}65\ km}$$

¡Ya ves, tenemos la romántica inmensidad a poco menos de 5 km de distancia!

37 / 100

FIGURAS IMPOSIBLES. ENGAÑANDO A NUESTROS SENTIDOS

Las figuras imposibles son figuras que se pueden representar en el plano pero que no pueden ser creadas en tres dimensiones. Durante años han fascinado a gran número de matemáticos y muchos artistas plásticos las han utilizado en sus obras. Entre todos ellos destaca especialmente el artista holandés Maurits Cornelis Escher (1898-1972), cuyas obras utilizan en numerosas ocasiones la contradicción entre lo que se ve y la imposibilidad física de lo que se ve.

A continuación tienes unas cuantas figuras imposibles (entre ellas destacan tres sellos suecos), te animo a analizarlas para encontrar el motivo de su imposibilidad.

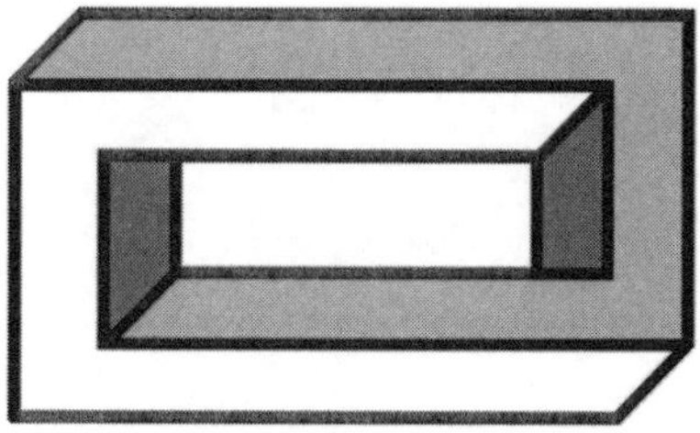

Sellos suecos editados en 1982.

38 / 100

EL FORMATO DIN A-4

Una hoja de las que normalmente utilizamos para escribir o poner en la impresora mide 21 cm de anchura y 29,7 cm de altura. Pero, ¿te has preguntado alguna vez por el origen de estas, en principio, caprichosas medidas? ¿Por qué no redondearon las medidas dejando una hoja de 30 cm de altura y 20 cm de anchura, por ejemplo?

La respuesta, como muchas otras veces, la tienen las matemáticas.

El formato DIN A fue creado de forma que el mayor de los tamaños fuera DIN A-0 y tuviera una superficie de 1 metro cuadrado. Además de esto, un DIN A-0 se tenía que poder doblar originando una hoja semejante a la original (es decir, con la altura y la anchura proporcionales a la hoja original) pero con la mitad de la superficie. Así, si llamamos x a la anchura de un DIN A-0 e y a su altura, medidas ambas en metros, obtenemos el siguiente sistema de ecuaciones (en el que, en lenguaje matemático, se refleja que la hoja original tiene 1 m^2 y un DIN A-1 deberá ser proporcional a un DIN A-0):

$$\begin{cases} xy = 1 \\ \dfrac{y}{x} = \dfrac{x}{y/2} \end{cases}$$

Al resolver el sistema, obtenemos que la anchura deberá ser de $\frac{1}{\sqrt[4]{2}} \approx$ 0,8409 m y la altura $\sqrt[4]{2} \approx 1{,}1892$ m.

Como te hemos explicado, dividiendo en dos una hoja original (DIN A-0) se obtienen la siguiente. Así se obtienen los tamaños de todas las hojas de la serie DIN A:

Hoja	*Altura*	*Anchura*
DIN A-0	118,9 cm	84,1 cm
DIN A-1	84,1 cm	59,4 cm
DIN A-2	59,4 cm	42 cm

DIN A-3	42 cm	29,7 cm
DIN A-4	29,7 cm	21 cm
DIN A-5	21 cm	14,8 cm
DIN A-6	14,8 cm	10,5 cm
DIN A-7	10,5 cm	7,4 cm
DIN A-8	7,4 cm	5,2 cm
DIN A-9	5,2 cm	3,7 cm
DIN A-10	3,7 cm	2,6 cm

Para acabar, solamente nos queda añadir que debemos este formato al Instituto Alemán de Normalización (Deutsches Institut für Normung, de donde obtenemos las siglas DIN), que en 1922 emitió la norma DIN 476, en la que se tratan los formatos de papel. En concreto, fue un ingeniero berlinés llamado Walter Porstmann quien lo desarrolló.

Así pues, ya sabes por qué una hoja DIN A-4 tiene las peculiares medidas que tiene. No son caprichos, son matemáticas.

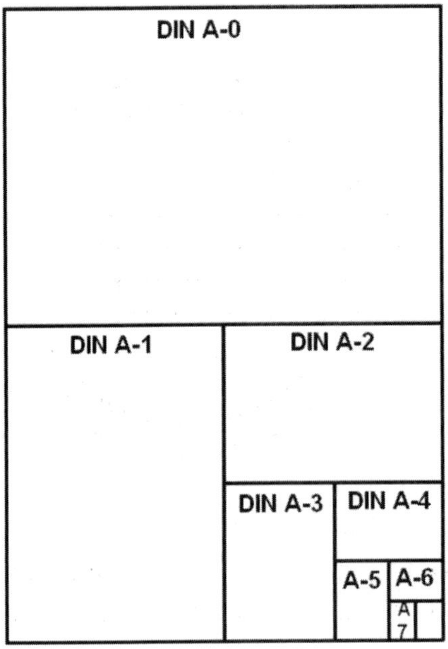

39 / 100

EL SÍMBOLO DEL EURO, GEOMÉTRICAMENTE PENSADO

El euro es la moneda oficial de 23 países, 19 de los cuales forman también parte de la Unión Europea y los otros cuatro son Andorra, el Vaticano, Mónaco y San Marino. Entró en circulación el 1 de enero de 2002 en 12 estados, entre los cuales se encuentra España. Desde entonces estamos muy acostumbrados a ver el símbolo del euro (€), pero lo que no es tan conocido es que dicho símbolo tiene unas características geométricas muy bien estudiadas. Todas las líneas y curvas que lo forman están perfectamente determinadas. En la siguiente figura puedes ver cuáles son estas características:

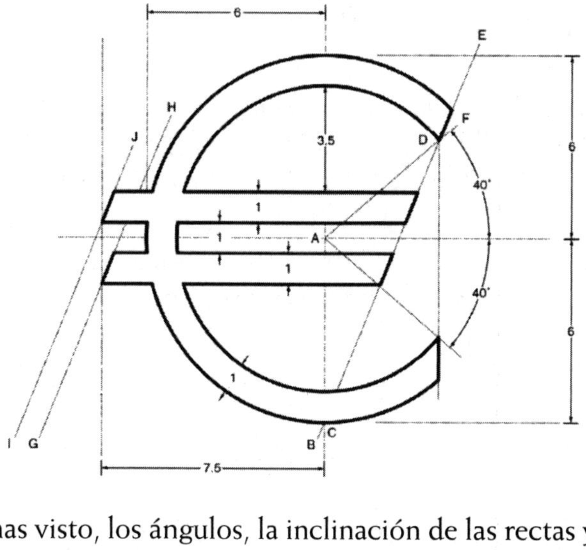

Como has visto, los ángulos, la inclinación de las rectas y el grosor del símbolo están perfectamente determinados. A partir de ahora, ya lo sabes, si quieres construir el símbolo de forma exacta deberás coger regla, compás y transportador de ángulos.

40 / 100

UNA PARADA EN EL CAMINO: EL TANGRAM

Esta vez intentaremos montar unas cuantas figuras con las piezas del tangram. Pero deja, primero, que te lo presentemos.

El tangram es un juego chino muy antiguo consistente en formar determinadas figuras utilizando 7 piezas dadas. Cualquier figura deberá cumplir dos condiciones: *a*) utilizar las 7 piezas y, *b*) ninguna pieza ni ninguna parte de ella puede estar sobre otra. Entre estas 7 piezas, llamadas también *tans*, se encuentran 5 triángulos (de 3 tamaños diferentes), 1 cuadrado y 1 paralelogramo. El origen del juego es incierto; de hecho, existen diferentes versiones acerca de su invención. Una de ellas cuenta que apareció entre los años 618 y 907 de nuestra era, cuando en China reinaba la dinastía Tang (de donde puede provenir el nombre del juego). Pero las primeras noticias que se tienen del juego aparecen en publicaciones chinas del siglo XIX (concretamente de 1813), cuando el juego ya se había extendido a otros países. También a partir del siglo XIX se publicaron en América y Europa algunas traducciones de libros chinos donde se explicaban las normas del juego. En aquellos momentos el puzle se hizo tan popular que pasó de ser un juego para niños y mujeres a ser apreciado por las más altas personalidades de la época. En clave de anécdota, podemos añadir que parece que fue uno de los juegos preferidos de Napoleón durante su exilio en la isla de Santa Elena. Sam Loyd y Lewis Carrol también fueron aficionados. Actualmente se tienen recopiladas más de 16.000 figuras creadas a partir de las siete piezas y aún se utiliza en psicología, educación física, diseño, filosofía, pedagogía y matemáticas.

Una vez te hemos explicado el origen del juego, en las dos siguientes figuras puedes encontrar sus 7 piezas y en la segunda cuatro propuestas para que puedas entretenerte un rato. ¿Las sabrás montar todas?

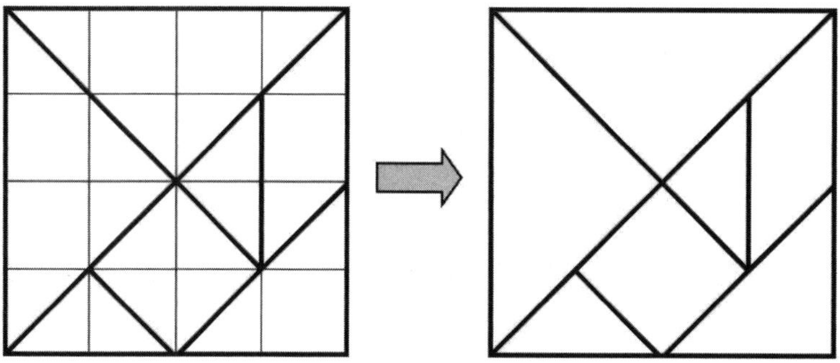

Figura 1: las siete piezas del juego.

Figura 2: cuatro propuestas.

V. HISTORIAS DE MATEMÁTICAS Y MATEMÁTICOS

41 / 100

EL ÚLTIMO TEOREMA DE FERMAT: MÁS DE 300 AÑOS PARA SER DEMOSTRADO

Uno de los teoremas más conocidos es el teorema de Pitágoras. Este teorema asegura que un triángulo es rectángulo si, y solamente si, el cuadrado de la hipotenusa es igual a la suma de los cuadrados de los catetos. Si llamamos *a* al valor de la hipotenusa y *b* y *c* a los valores de los dos catetos, podemos resumirlo de la siguiente forma:

Un triángulo es rectángulo si, y solamente si, $a^2 = b^2 + c^2$

Por ejemplo, el triángulo de catetos de 3 y 4 cm e hipotenusa de 5 cm es rectángulo porque cumple que $5^2 = 3^2 + 4^2$ $(25 = 9 + 16)$.

Como es bien sabido, la imaginación y las ganas de conocer de los matemáticos no tienen fin y muy pronto se preguntaron si habría otros tres números (de la misma forma que hemos encontrado 3, 4 y 5) que cumplieran la siguiente igualdad $a^3 = b^3 + c^3$ y, más en general, si existe alguna solución a la ecuación $a^n = b^n + c^n$ para algún número natural, n, mayor que 2, siendo a, b y c números enteros positivos.

El último teorema de Fermat asegura que no se podrá encontrar ninguna tripleta (a, b y c) de números que cumplan la igualdad anterior si n es mayor que 2 (recordemos que hemos visto que para n = 2 sí es posible). Este teorema se llama teorema de Fermat porque fue conjeturado (enunciado, pero no demostrado) por el matemático Pierre de Fermat en 1637. Este "listo" matemático escribió en el margen de un libro: "Es imposible descomponer un cubo en dos cubos, un bicuadrado en dos bicuadrados y, en general, una potencia cualquiera, a parte del cuadrado, en dos potencias del mismo exponente. He encontrado una demostración realmente admirable pero el margen de este libro es demasiado pequeño para escribirla". Esta demostración no ha aparecido nunca y no se sabe si el matemático la tenía, si se había equivocado demostrándola o si, simplemente, era un farol.

Sea como sea, esta famosa frase fue el detonante para que matemáticos de la talla de Euler, Sophie Germain, Legendre, Lagrange, Gauss, Lamé, Ernst Kummer y Dirichlet, entre otros, intentasen encontrar la demostración sin éxito.

Por suerte, cuando tenía diez años, un jovencito llamado Andrew Wiles (1953) leyó en un libro de matemáticas populares la conjetura y, utilizando las matemáticas que sabía hasta el momento, la intentó demostrar. Este impresionante inicio nos hace reflexionar acerca de dos cosas muy importantes, lo fácil de entender que es el teorema y la vocación de su futuro demostrador.

El tiempo fue pasando y Wiles se graduó en matemáticas en Oxford e hizo el doctorado en Cambridge. En 1986 decidió definitivamente ponerse a trabajar con el único objetivo de "tumbar" de una vez por todas la demostración que había aguantado los asaltos de las mejores mentes matemáticas hasta el momento. Durante siete años se dedicó a trabajar de forma obsesiva en la demostración. Lo hizo prácticamente en solitario, porque era un teorema muy conocido y otros matemáticos también estaban ocupados en la misma búsqueda. Desgraciadamente, el día 8 de marzo de 1988 Wiles leyó que el japonés Yoichi Miyaoka la había encontrado antes que él. Por suerte, un par de meses después se encontró un error en la demostración; Wiles podía seguir trabajando.

Teorema de Fermat en un sello francés.

Ya en enero de 1993, y cuando estaba cerca de conseguirlo, confió en un compañero de facultad, Nich Katz, para que revisara lo que tenía hasta el momento. Así, el día 23 de junio de 1993 llegó a la cumbre de su particular montaña: ¡Había demostrado el teorema de Fermat!

Pero, otra vez, la lucha no había terminado. En septiembre de 1993 se encontró un error que la invalidaba. Siete años de trabajo no habían servido para nada.

Finalmente, y después de estar a punto de tirar definitivamente la toalla, el día 19 de septiembre de 1994 le dijo a su mujer: "Lo tengo. Creo que lo tengo. ¡Lo he encontrado!"

Y esta vez fue cierto, después de siete años de trabajo intenso, duro, solitario e incansable, aquel matemático que a los diez años había empezado a soñar, lo había conseguido. ¡Había demostrado un teorema que aguantaba inexpugnable más de 300 años!

42 / 100

CITAS MATEMÁTICAS

Como es evidente, los matemáticos no somos máquinas de hacer teoremas y demostraciones. Muchos de ellos han reflexionado acerca de su disciplina, de la forma en que se enseña, de la forma en que se hacen nuevos descubrimientos y de la utilidad de lo que hacen. También han ido más allá y han opinado y reflexionado acerca de cosas más trascendentales relacionadas con su vida y con la vida en general. Algunas veces, todos estos pensamientos quedan condensados en frases breves a las que llamamos *citas*. Veamos algunas que hablan de matemáticas y matemáticos...

> Las matemáticas se hacen con la cabeza y se enseñan con el corazón.
>
> CLAUDI ALSINA (1952), uno de mis maestros

> Oigo y olvido. Veo y recuerdo. Hago y entiendo.
>
> CONFUCIO (551 a. C. – 479 a. C.)

> Defiende tu derecho a pensar, porque incluso pensar de manera errónea es mejor que no pensar.
>
> HIPATIA DE ALEJANDRÍA (? – 415 d. C.)

> Las matemáticas son la música de la razón.
>
> JAMES JOSEPH SYLVESTER (1814-1897)

> La inspiración es tan necesaria en geometría como en poesía.
>
> ALEXANDER PUSHKIN (1799-1837)

> Dos cosas son infinitas: el Universo y la estupidez humana, y no estoy seguro del Universo.
>
> La imaginación es más importante que el conocimiento.
>
> Quien nunca ha cometido un error, nunca ha probado algo nuevo.
>
> Si buscas resultados distintos, no hagas siempre lo mismo.
>
> ALBERT EINSTEIN (1879-1955)

La matemática no es una mera colección de hechos y destrezas sin alma.

MIGUEL DE GUZMÁN (1936-2004)

El matemático es el individuo que, al ver el papel que tienen el dinero, la sexualidad y el poder en la fabricación de famosos, prefiere dedicarse a los números, los gráficos y la lógica.

JOHN ALLEN PAULOS (1945)

Las matemáticas sostienen toda la ciencia y la tecnología que conocemos hoy día.

MARCUS DU SAUTOY (1965)

La matemática es el alfabeto con el que Dios escribió el mundo.

En cuestiones de ciencia, la autoridad de mil no vale tanto como el humilde razonamiento de un solo individuo.

GALILEO GALILEI (1564-1642)

Si he logrado ver más allá que otros hombres es porque he estado a hombros de gigantes.

ISAAC NEWTON (1643-1727)

Que ningún ignorante de la geometría cruce mi puerta.

PLATÓN (427 a. C. – 347 a. C.)

Aprended a ser un poco aprendices de todo para vuestro bien y, al menos, especialistas en alguna cosa para el bien de los demás.

PERE PUIG ADAM (1900-1960)

El ajedrez está más cerca de las matemáticas que cualquier otra ciencia.

ANATOLI KARPOV (1951)

No desprecies a nadie; un átomo hace sombra.

Ayuda a los demás a levantar su carga, pero no te consideres obligado a llevársela.

PITÁGORAS (569 – 475 a. C.)

Yo tenía x años en el año x^2.

AUGUST DE MORGAN (murió en el año 1871,
¿sabrás encontrar el año en que nació?)

Dios creó los enteros, el resto es obra del hombre.

LEOPOLD KRONECKER (1823-1891)

Un hombre es como una fracción, cuyo numerador es lo que es y cuyo denominador lo que piensa de sí mismo. Cuanto mayor es el denominador, más pequeña es la fracción.

TOLSTOI (1828-1910)

La geometría es el arte de pensar bien y dibujar mal.

HENRI POINCARÉ (1854-1912)

43 / 100

SELLOS MATEMÁTICOS

Desde la aparición del correo electrónico, cada vez se escriben menos cartas y, en consecuencia, se utilizan menos sellos. Pero hasta ahora los sellos habían sido testimonio de lo que iba pasando en el mundo. De la misma forma, muchos de estos sellos habían sido dedicados a las matemáticas y los matemáticos. Veamos unos cuantos.

Leonard Euler.

Teorema de Fermat.

Carl F. Gauss.

El español J. Rey Pastor.

Arquímedes.

August Cauchy.

2000: *Año Mundial de las Matemáticas.*

John von Neumann.

Charles Babbage.

Srinivasa Ramanujan.

Al-Khwarizmi.

Gottfried Wilhelm Leibniz.

Richard Dedekind.

44 / 100

LAS CINCO MATEMÁTICAS MÁS IMPORTANTES

Si le pedimos a la primera persona con la que nos encontremos que nos diga el nombre de algún matemático, es posible que obtengamos los nombres de Pitágoras y Tales, pero si aumentamos nuestra osadía y preguntamos por el nombre de alguna matemática, la respuesta, posiblemente, será el silencio.

Es cierto que la historia no ha sido muy justa con las mujeres (aunque en la actualidad se están empezando a poner las cosas en su sitio), pero de la misma forma es cierto que sí ha habido matemáticas importantes de las cuales debemos hablar. A continuación veremos a cinco de ellas:

Hipatia de Alejandría (370-415). Filósofa, astrónoma y matemática. Vivió durante la época del Imperio romano en Alejandría. Allí se convirtió en una gran maestra, enseñando matemáticas, astronomía y filosofía con gran éxito y admiración. Aunque su fecha de nacimiento no está del todo clara, desgraciadamente la de su muerte sí lo está, ya que murió de forma trágica asesinada por un grupo de cristianos exaltados.

Maria Agnesi (1718-1799). Matemática italiana que también fue lingüista, filósofa y teóloga. En 1748 escribió el que se considera el primer libro de texto (*Istituzioni analitiche*), donde explicaba el cálculo diferencial e integral de una manera global, recogiendo los principales conocimientos que hasta el momento habían estado muy dispersos. Según algunos, este libro es la obra matemática de autoría femenina más antigua.

Sophie Germain (1776-1831). Matemática francesa que hizo importantes contribuciones a la teoría de números y a la teoría de la elasticidad. Al no ser aceptadas las mujeres en la Escuela Politécnica de París, tuvo que estudiar a distancia con los apuntes que iba consiguiendo.

Al terminar tenía que presentar un trabajo y tuvo que hacerlo con el nombre masculino de August Le Blanc. El trabajo estaba tan bien hecho que impresionó al gran matemático Lagrange, quien quiso conocerla. Al descubrir que era una mujer, la felicitó efusivamente y le predijo muchos éxitos en su carrera.

Sofía Kovalévskaya (1850-1891). Matemática rusa, fue la primera mujer que consiguió una plaza de profesora universitaria en Europa. En 1868, para poder salir de su país para estudiar, tuvo que casarse de conveniencia con Vladimir Kovalevsky, del que adoptó el apellido. En el campo de las matemáticas destacó en análisis matemático.

Emmy Noether (1882-1935). Matemática alemana conocida por su trabajo en los campos de la física teórica y el álgebra abstracta. Es considerada uno de los mejores matemáticos (sin importar el sexo) del siglo XX. Sus contribuciones más importantes tratan de la axiomatización y el desarrollo de la teoría algebraica de anillos, módulos, ideales…

45 / 100

ORIGEN DE LOS PRINCIPALES SÍMBOLOS MATEMÁTICOS

Como todas las cosas, las matemáticas han tenido su proceso de desarrollo, que, evidentemente, no ha terminado. Así, está claro que los símbolos matemáticos que utilizamos actualmente no han sido siempre como los conocemos ahora. Veamos, pues, cuál ha sido el origen de los símbolos básicos que utilizamos en las expresiones matemáticas actuales.

Símbolo	*Quién lo introdujo*	*Fecha*	*Breve historia*
+ −	Matemáticos alemanes	Final del siglo XV	Parece ser que apareció por primera vez en 1489 en la obra *Aritmética mercantil*, de Johannes Widmann.
x	W. Oughtred	1631	Al principio fue un signo muy criticado por Leibniz por su parecido con la letra x. Leibniz propuso utilizar el punto "·".
:	Leibniz	1684	Ya había sido utilizado antes para indicar fracciones, pero Leibniz lo utilizó por primera vez para indicar divisiones además de fracciones.
=	R. Recorde	1557	En el libro *The Whetsone of Witte*, Recorde escribió que no puede haber nada más igual que un par de paralelas.
Potencias de exponente natural (a^2, a^3...)	René Descartes	1637	Aunque introdujo las potencias en su obra *La geometría*, Descartes no utilizaba el exponente 2. Prefería escribir aa.

√	Christoff Rudolff	1525	Fue el primero en introducir el símbolo, pero no lo extendió a otros índices.
< >	T. Harriot	1631	Son utilizados por primera vez en la obra *The Analytical Arts Applied to Solving Algebraic Equations*, publicada después de la muerte de su autor.
Incógnitas x, y, z	R. Descartes	1637	En su obra *La geometría* utiliza las primeras letras del alfabeto para denominar cantidades conocidas y las últimas para las desconocidas.
∞	J. Wallis	1655	Como símbolo de infinito es introducido por primera vez en la obra *De Sectionibus Conicus*.
π	William Jones	1706	Utiliza esta letra griega para simbolizar el número en la obra *New Introduction to Mathematics*, aunque su popularización viene de la mano de L. Euler a partir de 1736.
e	L. Euler	1736	Aunque Euler ya lo utilizaba antes, la primera vez que aparece publicado este símbolo es en la obra *Mechanica*, en el año 1736.

46 / 100

LOS PUENTES DE KÖNIGSBERG

El problema de los siete puentes de Königsberg es un problema matemático histórico que originó la teoría de grafos, una importante rama de las matemáticas.

Por la antigua ciudad de Königsberg, en Prusia (actualmente Kaliningrado, Rusia), pasaba el río Pregel y dejaba cuatro regiones conectadas por siete puentes (figura 1). Se cuenta que sus habitantes, al salir a pasear, se proponían salir de una determinada región y cruzar los siete puentes sin pasar dos veces por el mismo para terminar en el sitio de partida.

Antes de continuar comprueba, como ya hacían los habitantes antes mencionados, si eres capaz de encontrar una ruta cerrada que, saliendo de una determinada región, vaya visitando las tierras llamadas A, B, C y D (figura 2) las veces que haga falta pero con la condición de pasar exactamente una vez por cada puente (llamados en las figuras P1, P2...) y acabando en el lugar de salida.

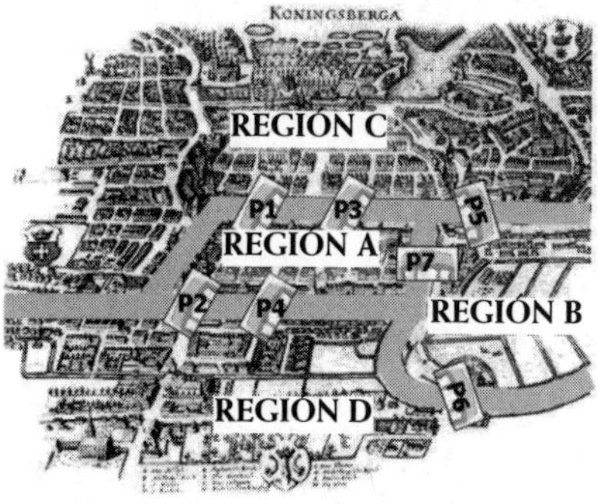

Figura 1.

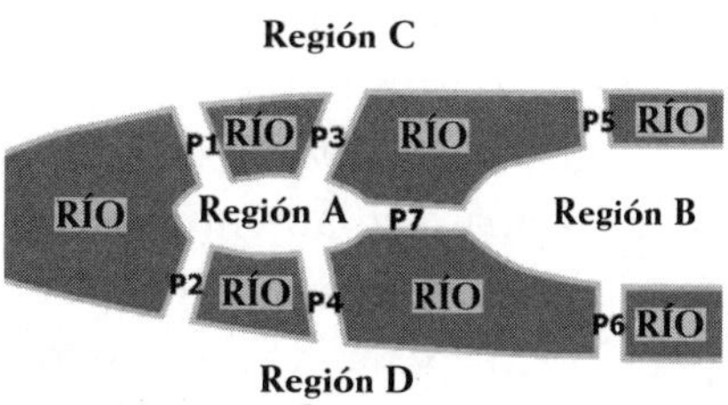

Figura 2.

¿Lo has conseguido? Si no es así, no te preocupes, es normal, los habitantes de Königsberg tampoco lo consiguieron nunca, porque lo que se proponían es imposible.

En 1736 el gran matemático suizo Leonhard Euler consiguió demostrarlo creando, de paso, una nueva rama de las matemáticas, la teoría de grafos (actualmente es básica en informática, ciencias de la computación y telecomunicaciones).

Lo que hizo fue reducir las tierras a un punto y convertir los puentes en segmentos que unen los puntos (figura 3).

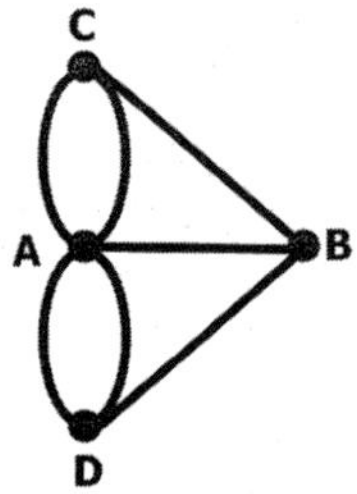

Figura 3.

Euler pensó lo siguiente: si se tiene que entrar y salir de cada uno de los vértices (A, B, C o D), en cada vértice deberán coincidir un número par de líneas, exceptuando, como mucho, el vértice de salida y el de llegada. Pero, dado que en este problema queremos empezar y terminar en el mismo punto, se deberá cumplir que en cada uno de los cuatro vértices concurran un número par de segmentos. Si lo cuentas, verás que en el caso que nos ocupa en todos los vértices concurre un número impar de segmentos, justamente todo lo contrario a lo que debería pasar para que el reto pudiera cumplirse. Por lo tanto, el problema que se planteaban los habitantes de Königsberg es del todo irresoluble.

Dicho esto, y visto cuándo será posible pasar por todos los segmentos una y solamente una vez, te proponemos que estudies cuáles de las siguientes figuras podrán dibujarse sin levantar el lápiz del papel y sin pasar dos veces sobre la misma línea. Intenta, después, dibujar aquellos que hayas visto que son resolubles. ¡Suerte!

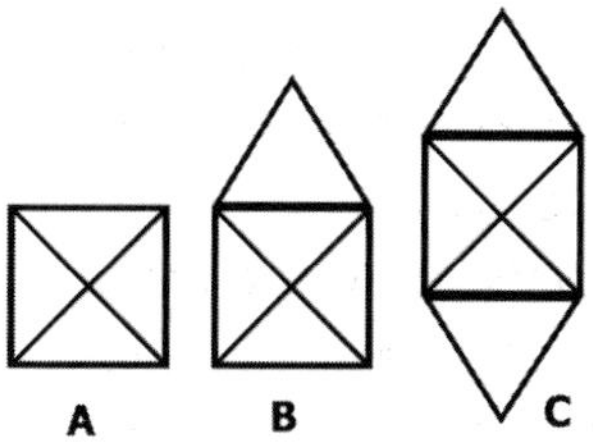

Para acabar, sólo nos queda añadir que los mapas de las líneas de metro de cualquier ciudad no son más que grafos un poco complicados en los cuales solamente nos interesan las conexiones entre las diferentes estaciones y no las distancias, los tamaños ni las rutas seguidas por los trenes (de ahí que las líneas dibujadas en los mapas del metro no sean exactamente fieles a los caminos seguidos por los trenes).

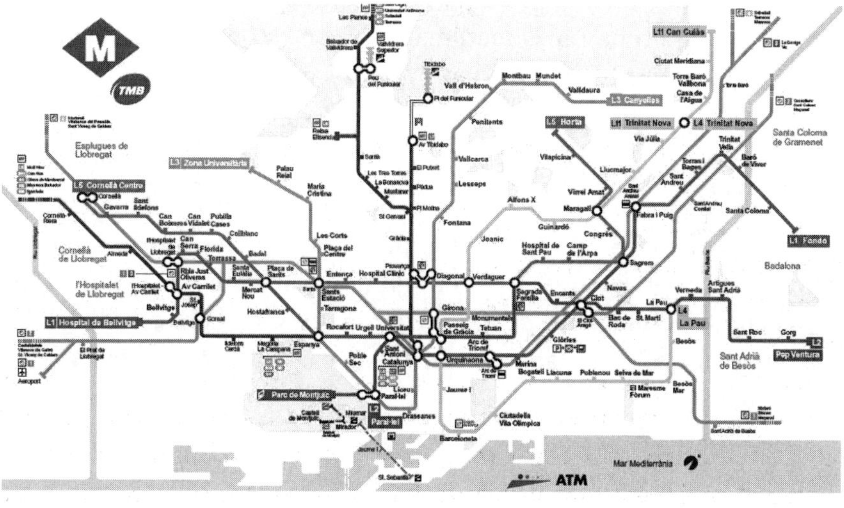

47 / 100

PITÁGORAS, TALES Y CINCO MATEMÁTICOS MÁS

Como decíamos en un capítulo anterior, si a una persona escogida al azar le pedimos que nos diga el nombre de algún matemático, seguramente nos nombrará a Pitágoras y, con un poco de suerte, a Tales. Estos dos matemáticos prácticamente sólo son conocidos por los dos teoremas que llevan su nombre (aunque no es seguro que sean obra suya): el teorema de Pitágoras y el teorema de Tales. Pero, ¿es que no hay más matemáticos que estos dos? La respuesta, evidentemente, es que sí los hay. Veamos a cinco de ellos.

Tales de Mileto (624-547 a. C.). Antes de nada, debemos decir que no es seguro que fuese Tales el autor del teorema de Tales (los segmentos de rectas secantes interceptadas por un conjunto de paralelas son proporcionales) ni que fuese él el primero en demostrarlo. Tales de Mileto fue el primero de los siete grandes sabios de la antigua Grecia. Viajó a Egipto y desde allí introdujo en Grecia el estudio de las matemáticas. Su gran aportación fue dotar las matemáticas de una estructura lógica.

Pitágoras (aprox. 570-475 a. C.). Aunque no es del todo seguro, parece ser que Pitágoras fue un filósofo griego que hizo importantes avances en matemáticas, astronomía y música. Aunque, eso sí, el teorema que actualmente conocemos como *teorema de Pitágoras* ya era conocido antes de su existencia.

Euclides (aprox. 325-265 a. C.). Euclides de Alejandría es el matemático más importante de la antigüedad. Su obra *Los elementos* (que tiene 13 volúmenes) ha sido una obra que ha perdurado hasta nuestros días, ya que ha servido para enseñar de forma sistemática la geometría durante 2.500 años. También escribió acerca de astronomía, óptica y música.

René Descartes (1596-1650). Descartes fue un filósofo, matemático y físico francés. Entre sus aportaciones matemáticas más importantes destacan el desarrollo de la geometría analítica a partir de los conocidos ejes cartesianos, que permiten trabajar la geometría utilizando ecuaciones. Se cuenta que la idea de utilizar estos ejes surgió cuando, estando en su cama, pensó cómo podía determinar unívocamente la posición de una mosca que volaba por su habitación en función de la distancia a la que se encontraba ésta de cada pared.

Leonhard Euler (1707-1783). Matemático y físico suizo, fue el matemático más importante del siglo XVIII y uno de los que más artículos y libros ha escrito nunca.

Trabajó principalmente en cálculo y teoría de grafos, además de introducir buena parte de la terminología y notación matemática moderna. También hizo importantes aportaciones a los campos de la mecánica, la óptica y la astronomía. Aunque llegó a perder la vista, siguió con su enorme producción matemática, dictando a su hijo los resultados que hallaba gracias a una impresionante memoria fotográfica.

Johann Carl Friedrich Gauss (1777-1855). Fue un matemático, astrónomo y físico alemán que hizo grandes aportaciones en muchos campos de la matemática, como el análisis, la geometría diferencial, la estadística, el álgebra, la teoría de números, la geodesia... Su gran valía matemática lo ha hecho merecedor del sobrenombre *El príncipe de las matemáticas*. Cuenta una anécdota que, estando en la escuela, su profesor estaba cansado y para conseguir que los chicos estuvieran en calma un buen rato les propuso que sumaran los 100 primeros números naturales. Gauss inmediatamente vio que 1 + 100 = 2 + 99 = 3 + 98... Es decir, había 50 sumas que daban 101. Por lo tanto, fácil y rápidamente pudo deducir que el resultado tenía que ser: 101 x 50 = 5.050.

Georg Friedrich Bernhard Riemann (1826-1866). Riemann fue un matemático alemán que contribuyó especialmente al campo del análisis y la geometría diferencial. Su nombre irá siempre relacionado con el problema de la hipótesis de Riemann y con la geometría de Riemann, que es básica para entender la teoría de la relatividad.

48 / 100

A FALTA DE PREMIO NOBEL, PREMIOS A LOS MEJORES MATEMÁTICOS

¿Habías pensado nunca que no existe el premio Nobel de matemáticas a pesar de la importancia que tiene esta ciencia? Dos leyendas que parece que son falsas atribuyen esta falta a una fuerte enemistad entre el matemático sueco Mittag-Leffler (1846-1927), que era el probable ganador del Nobel en el momento de su creación, y Alfred Nobel (1833-1896). De hecho, la segunda leyenda, ya más subida de tono, afirma que la mujer de Nobel habría podido tener un escarceo amoroso con el matemático. Como decíamos, parece ser que las dos son falsas (en particular la segunda, porque Nobel nunca llegó a casarse). Posiblemente, la razón por la que no hay premio Nobel de matemáticas es que esta ciencia estaba un poco alejada de los intereses de Nobel. De hecho, se instauraron los premios de física, química, medicina, literatura y paz (el de economía solamente existe desde 1968), disciplinas cercanas a los intereses de Nobel (a excepción, posiblemente, de la medicina).

Así pues, los matemáticos se han tenido que organizar para premiar las mejores aportaciones en su campo creando premios semejantes al Nobel. Queremos destacar especialmente un par de ellos: la medalla Fields y el premio Abel.

La medalla Fields. Es un premio que se otorga a 2, 3 o 4 matemáticos de no más de 40 años durante cada Congreso Internacional de la Unión Matemática Internacional (IMU), que se celebra cada cuatro años. Se trata de una medalla en honor al matemático canadiense John Charles Fields (1863-1932). El premio en metálico es de 15.000 dólares, pero, como ya puso de manifiesto el matemático Grigori Perelman (que rechazó un millón de dólares de otro premio), el auténtico valor se encuentra en el descubrimiento matemático en sí mismo y no en la fama o en el dinero.

Solamente nos queda añadir, a nivel de anécdota, que el matemático más joven que ha recibido esta distinción ha sido Jean-Pierre Serre, que la obtuvo en 1954, cuando tenía 27 años.

Premio Abel. El 1 de enero de 2002 (año en que se cumplía el bicentenario del nacimiento del matemático noruego Niels Henrik Abel, 1802-1829) fue creada la Niels Henrik Abel Memorial Fund para conceder el premio Abel como distinción al mérito científico en el campo de las matemáticas. La dotación económica del premio es de unos 750.000 €, muy parecida a la que se obtiene con el premio Nobel, y se otorgó por primera vez el 3 de junio de 2003. A diferencia de la medalla Fields, este premio se otorga cada año. En 2015 se otorgó a Louis Nirenberg y John F. Nash (que ya había obtenido el Nobel de economía en 1994).

ABEL
PRISEN

Otros premios. Aunque las dos distinciones anteriores son las más importantes en el campo de las matemáticas, hay otros premios relacionados con esta ciencia. Entre ellos podemos destacar:

– El premio Nevalinna, que se otorga cada cuatro años y premia las contribuciones hechas en el campo de la computación matemática.

– El premio Schock de matemáticas, que se entrega cada dos años.

– El premio Wolf de matemáticas, que se entrega cada año en Israel desde 1978 normalmente a un par de matemáticos.

49 / 100

ANÉCDOTAS DE MATEMÁTICAS Y MATEMÁTICOS

Desde siempre, los matemáticos han tenido fama de despistados y de estar tan centrados en su tarea que ignoran cualquier interacción con el resto del mundo. Esta fama, real o no, los ha llevado a protagonizar algunas divertidas anécdotas. A continuación te presentaremos unas cuantas:

Hardy y su pánico a viajar en barco. El matemático G. H. Hardy, además de ser ateo, tenía un pánico horroroso a viajar en barco. Para superarlo, antes de embarcar enviaba un telegrama asegurando que había demostrado un importante teorema que estaba sin demostrar desde hacía tiempo. Su curiosa teoría era que Dios no dejaría que muriese ahogado dándole el gusto de que todo el mundo creyese que había demostrado un difícil teorema sin ser cierto.

Hardy va a ver a Ramanujan. Estando Ramanujan (gran matemático indio autodidacta) ingresado en un hospital, G. H. Hardy fue a verle y, para romper el hielo, le dijo que había llegado en un taxi que llevaba un número aburrido: 1.729. Inmediatamente, Ramanujan le dijo que de ninguna forma era un número aburrido, ya que era el primer número natural que se podía escribir como suma de dos cubos de dos formas diferentes. Y es cierto, $1.729 = 1^3 + 12^3 = 9^3 + 10^3$. Hay que ver en qué cosas más extrañas se fijan los matemáticos.

La historia de Galois. Evariste Galois (1811-1832) ha sido uno de los vips en el campo de las matemáticas, y no, las fechas de nacimiento y muerte no están equivocadas. Su historia es de película, ya que se retó en un duelo y la noche anterior, sabiendo que a la mañana siguiente iba a morir, dejó por escrito todos los avances que había hecho. Estas notas no fueron entendidas hasta 1843, cuando se descubrió su genialidad.

Paul Erdös. Paul Erdös (1913-1996) fue uno de los matemáticos más excéntricos que haya existido nunca. No le importaban las posesiones materiales (dinero o premios). Durante muchos años vivió como un vagabundo de casa en casa de sus amigos matemáticos, donde vivía hasta que, educadamente, le pedían que se fuera y pasaba automáticamente a instalarse en casa de otro amigo. Tenía la idea de que existía *El Libro*, un libro donde Dios tenía las demostraciones más elegantes de todos los teoremas matemáticos. Colaboró con tantos matemáticos que sus amigos y colegas se inventaron el número de Erdös. El propio Erdös tenía el número 0 y cualquier persona que hubiese colaborado con él tendría el número 1. De la misma forma, cualquier persona que hubiese colaborado con otra que tenía el número 1 tendría el número 2, y así sucesivamente. Por ejemplo, el gran divulgador Claudi Alsina tiene el número 2 al haber colaborado con un colaborador de Erdös.

El teorema de L'Hôpital no es de L'Hôpital. Algunos alumnos de bachillerato estudian el teorema de L'Hôpital para resolver algunas indeterminaciones al calcular límites, pero debemos avisarles que L'Hôpital no fue su auténtico descubridor. Este marqués publicó el resultado en la obra *Analyse des infiniment petits pour l'intelligence*, pero se ha descubierto que el verdadero autor del resultado fue Johann Bernoulli, que estaba contratado por el marqués de L'Hôpital (que, aunque no fuera el autor del teorema, era buen matemático) para que le enseñara los secretos del nuevo cálculo (el cálculo diferencial). Así pues, y como ha pasado con otros resultados, inventos e inventores, la historia ha sido injusta y los libros todavía lo son.

Los hallazgos matemáticos son más importantes que el dinero o la fama. El matemático Grigori Perelman demostró en 2002 la conjetura de Poincaré, un resultado que llevaba más de 100 años sin poder ser demostrado. Este logro le llevó en el año 2006 a ser el ganador de la medalla Fields (el Nobel de las matemáticas) y en 2010 a ganar un millón de dólares (700.000 €) al resolver uno de los problemas del milenio. Pues bien, ¡Perelman no quiso recoger ni la medalla ni el millón de dólares! El matemático aseguró que, si la demostración era correcta, no necesitaba otro reconocimiento. Parece ser que actualmente vive con su madre en un pobre apartamento. Me parece simplemente admirable...

Ya has visto que la fama de excéntricos que se otorga a los matemáticos en algunos casos está bien merecida.

50 / 100

UNA PARADA EN EL CAMINO: PROBLEMAS DE INGENIO III

Descansaremos un poco siguiendo con los problemas de ingenio. ¿Sabrás resolver los cuatro siguientes?

a) Nos falta un euro. Tres amigos acuden a un bar y, antes de marcharse, piden la cuenta. El camarero les contesta que son 30 euros. A continuación, pagan los 30 euros pero justo cuando están a punto de marcharse el propietario llama al camarero y le dice:

—Me he equivocado, la consumición que han hecho aquellos tres clientes solamente valía 25 euros, devuélveles 5 euros.

El camarero, que es muy listo, piensa que no podrán dividirse bien los 5 euros, por lo que decide quedarse 2 y solamente devolverles 3. Así, cada amigo habrá pagado 10 – 1 = 9 euros. En total habrán pagado 9 x 3 = 27 euros, que, junto con los 2 euros que se ha quedado el camarero, hacen un total de 29 euros. ¿Sabrías decir dónde está el euro que ha desaparecido?

b) Era de noche y, sin embargo, llovía. Son las 12 de la noche y está lloviendo. ¿Sabrías decirme si dentro de 120 horas hará sol?

c) El ángulo. ¿Sabrías decir qué ángulo forman las agujas de un reloj a las 12 h y 15 min? Ten cuidado, porque el problema no es tan fácil como parece.

d) El ordenador nuevo. El otro día me fui a comprar un ordenador nuevo y apareció en la pantalla el siguiente mensaje: "Escribe la contraseña". Dado que no sabía cuál era la contraseña, escribí lo primero que se me ocurrió: mi nombre. Automáticamente me apareció el siguiente mensaje: "La contraseña es incorrecta" y el ordenador me vetó el acceso. A continuación lo intenté dos veces más con el nombre de la tienda y con mi DNI, pero en todos los casos apareció siempre la misma frase: "La contraseña es incorrecta". ¿Sabrías descubrir cuál es la contraseña?

Como ya te hemos sugerido en otras ocasiones, intenta resolver los problemas por tu cuenta. Dejándolos reposar los días que necesites si es el caso. Solamente si estás completamente convencido de que ya lo has intentado con todas tus fuerzas, sigue leyendo.

Soluciones:

a) Nos falta un euro. Se trata de una mala explicación. No tenemos que sumar los 2 euros a los 27 que pagan, ya que en estos 27 euros ya están incluidos los 2 que se queda el empleado. Los 27 euros que pagan se reparten así: 25 euros para el bar y 2 euros para el camarero. Así que ¡todo cuadra!

b) Era de noche y, sin embargo, llovía. Es imposible que dentro de 120 horas haga sol, porque ¡serán las 12 de la noche!

c) El ángulo. La aguja horaria se mueve 360:12 = 30° cada hora. Así, en un cuarto de hora se habrá movido 7,5°. Por lo tanto, la aguja horaria y la minutera formarán un ángulo de 90° – 7,5° = 82,5°, y no 90° como puede parecer al principio.

d) El ordenador nuevo. La respuesta es evidente. La contraseña es INCORRECTA. Nos lo estaba diciendo el propio ordenador.

VI. LA PROBABILIDAD Y LA ESTADÍSTICA TE PUEDEN HACER RICO…

51 / 100

¿QUÉ TENEMOS MÁS OPCIONES DE GANAR, LA PRIMITIVA, EL EUROMILLONES, LA QUINIELA O EL GORDO DE NAVIDAD?

Los juegos de azar a los que podemos jugar son muchos y variados. Si calculamos la esperanza matemática (la ganancia media que podemos obtener con estos juegos), en todos los casos sale negativa. Es decir, en todos los juegos de azar es mucho mejor no jugar que hacerlo. Pero, por suerte, en la vida no todas las acciones y decisiones que tomamos las analizamos de forma estrictamente matemática. Algunas veces nos dejamos llevar por otro factor muy importante, la ilusión.

Pues bien, dejándonos llevar por la ilusión analizaremos en cuál de los siguientes juegos es más probable obtener el primer premio: la Primitiva, el Euromillones, la quiniela o el gordo de Navidad.

La Primitiva. El juego de la Primitiva consiste en marcar 6 números sin repetir a escoger entre el 1 y el 49. Una rama de las matemáticas, la combinatoria, se encarga de estudiar de cuántas formas podemos hacer estas 6 elecciones. Se obtiene que los 6 números se pueden escoger de 13.983.816 formas diferentes. Por lo tanto, la probabilidad de que justamente nuestra combinación sea la afortunada es de 1 entre 13.983.816, es decir, un 0,00000715%.

Euromillones. Este juego consiste en escoger 5 números entre 1 y 50 (sin repetir) y, a parte, dos números entre el 1 y el 11 (también sin repetir). Se puede calcular que hay 2.118.760 formas diferentes de escoger los 5 primeros números y 55 formas de escoger los otros dos números. Esto da un total de 116.531.800 combinaciones posibles. Por lo tanto, tenemos una probabilidad de ganar igual a 1:116.531.800 = 0,00000000858 = 0,000000858%.

Quiniela. La quiniela consiste en acertar si, en 15 partidos de fútbol, ganará el equipo de casa, el visitante o acabará en empate. En cada uno de los partidos solamente hay 3 posibilidades diferentes (1 si gana el equipo de casa, X si empatan y 2 si gana el equipo visitante). Por lo tanto, para el primer partido solamente tenemos 3 posibles resultados, 3 más para el segundo, 3 más para el tercero y así sucesivamente. En total, tenemos $3 \cdot 3 \cdot \ldots \cdot 3 = 3^{15} = 14.348.907$ quinielas diferentes. Así, la probabilidad de que nuestra quiniela sea la correcta es de $1{:}14.348.907 \simeq 0{,}0000000697 = 0{,}00000697\%$.

Gordo de Navidad. Este cálculo será mucho más fácil. En el gordo de Navidad tenemos que escoger un número de 5 cifras (con el 00000 incluido). Por lo tanto, tenemos una posibilidad entre 100.000 de que nuestro décimo sea el afortunado. En resumen, la probabilidad de ganar es $1{:}100.000 = 0{,}00001 = 0{,}001\%$.

Visto así, podemos ordenar los juegos de mayor a menor probabilidad de obtener el primer premio: gordo, quiniela, Primitiva y Euromillones.

¿Quiere esto decir que podemos dejar todos los sorteos y jugar solamente al gordo de Navidad?

Es evidente que no, porque existen muchos otros factores importantes a parte de la probabilidad de ganar. Por ejemplo, debemos tener en cuenta que el premio que se puede obtener en cada uno de los juegos es diferente y, de esta forma, la posible ganancia puede compensar las bajas probabilidades de éxito.

También debemos considerar que en la quiniela, la Primitiva y el Euromillones el premio se reparte entre los acertantes si hay más de uno, mientras que esto no pasa con el gordo de Navidad. Este último hecho hace que quinielas muy fáciles (con resultados poco sorprendentes) o combinaciones recurrentes (1, 2, 3, 4, 5, 6, por ejemplo) den poco dinero, al aparecer más acertantes de los que suelen aparecer con combinaciones más "aleatorias".

Por lo tanto, si alguien esperaba hacerse rico después de leer este capítulo, siento decirle que lo deberá seguir probando con los métodos tradicionales: el aleatorio o la superstición. Aunque, eso sí, siempre nos quedará la ilusión.

52 / 100

LA PARADOJA DE LOS ANIVERSARIOS COINCIDENTES

Supongamos que estamos en una reunión con treinta personas y nos damos cuenta de que hay dos personas que cumplen años el mismo día del mismo mes. ¡Qué gran coincidencia! De entre los 365 días posibles, resulta que estas dos personas nacieron el mismo día del año! Pero, ¿es realmente una coincidencia?

Para poder contestar deberemos calcular cuál es la probabilidad de que en un grupo de treinta personas, por ejemplo, haya dos o más que cumplan años el mismo día.

Obtener directamente esta probabilidad no es fácil, así que decidimos estudiar la probabilidad de que no haya ninguna coincidencia, que resulta mucho más fácil de calcular. Es decir, en lugar de estudiar la probabilidad de un determinado suceso, estudiaremos la probabilidad de su contrario, y si obtenemos, por ejemplo, una probabilidad del 80%, la probabilidad del suceso que queremos calcular realmente será del 20%.

La primera persona puede haber nacido cualquiera de los 365 días del año, ya que al ser el primero no coincidirá con ninguna otra. A la segunda ya solamente le quedan 364 días para no coincidir con la primera. La tercera solamente tiene 363 días entre los que escoger para no coincidir, y así sucesivamente. Por lo tanto, tenemos:

$$\text{P(ninguna coincidencia)} = \frac{365}{365} \cdot \frac{364}{365} \cdot \frac{363}{365} \cdot \ldots \cdot \frac{336}{365} \approx 0{,}2937$$

Así: P[por lo menos dos cumpleaños coinciden] = 1 – 0,2937 = 0,7063.

En resumen, la probabilidad de que en una reunión de treinta personas haya dos que coincidan en la fecha de cumpleaños es del 70,63%. Es decir, ¡no era una coincidencia, era pura probabilidad!

Este problema es tan famoso que incluso tiene nombre, se le llama *problema de los aniversarios*. En la tabla siguiente puedes encontrar cuál es la probabilidad de que haya 2 o más cumpleaños coincidentes según cuál sea el número de asistentes al encuentro. Y debajo un gráfico en el que aparecen representados dichos resultados.

Número de asistentes	*Probabilidad de coincidencia*
5	2,71%
10	11,69%
20	41,14%
23	50,73%
30	70,63%
40	89,12%
50	97,04%
57	99,01%
100	99,99998%

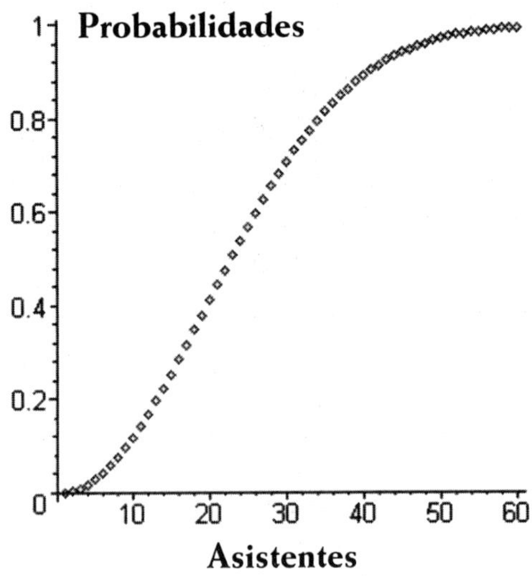

Incluso explicando los cálculos y enseñando los resultados en forma de tabla y gráfico, el resultado es difícil de creer. Así que he analizado la fecha de nacimiento de los 23 jugadores de la plantilla del Real Madrid que empezaron el campeonato de Liga de la temporada 2014-15 y el resultado obtenido confirma los cálculos. Jesé Rodríguez y Pepe cumplen años el día 26 de febrero.

Y otro dato importante a tener en cuenta: aproximadamente dos tercios de los futbolistas del Madrid cumplen los años en los seis primeros meses del año, mientras que solamente un tercio los cumple en la segunda mitad. ¿Otra casualidad? ¡Tampoco!

53 / 100

¿EXISTEN DOS ESPAÑOLES CON EL MISMO NÚMERO DE PELOS EN LA CABEZA? EL PRINCIPIO DEL PALOMAR

La respuesta es claramente afirmativa: todas aquellas personas que no tienen ningún pelo en la cabeza tienen el mismo número de pelos y, por lo tanto, hay muchos más que dos. Pero no era exactamente a esta conclusión a la que queríamos llegar. De hecho, lo que queríamos hacer era estudiar si sería posible que todos los españoles tuvieran un número diferente de pelos en la cabeza.

En España hay aproximadamente unos 46.500.000 habitantes. Sabemos que una persona tiene un máximo de unos 200.000 pelos en la cabeza. Supongamos que todas estas personas tienen un número diferente de cabellos y los ordenamos según su número de pelos. El primero será quien tenga 1 pelo en la cabeza, el segundo el que tenga 2, y así hasta llegar al habitante 200.000, que tendrá 200.000 pelos en la cabeza. Pero, ¿qué hacemos con los 46.300.000 habitantes que quedan? No pueden tener ningún número nuevo de cabellos en la cabeza porque ya están todos "cogidos". Así, no queda otra que repetir algún número. Es decir, acabamos de demostrar que es imposible que no haya ningún par de españoles con el mismo número de pelos en la cabeza.

El razonamiento seguido en las líneas anteriores es tan útil en matemáticas que incluso tiene nombre propio, se llama el *principio del Palomar* o *principio de Dirichlet*. El primer nombre proviene del hecho que, si tenemos más palomas que palomares, es evidente que algún palomar tendrá más de una paloma.

Es bastante evidente que este principio no se ha creado para demostrar que hay un par de españoles con el mismo número de pelos en la cabeza. De hecho, sirve para demostrar muchos otros resultados, como por ejemplo:

a) Si marcamos diez puntos en un cuadrado que tenga una diagonal de 3 unidades de longitud, siempre encontraremos un par de puntos que estén a una distancia no mayor que 1.

b) En una reunión de seis personas, o bien tres de ellas se conocen o bien tres de ellas no se conocen.

c) Si repartimos 100 cromos en 14 paquetes, a la fuerza deberá haber, al menos, un par de paquetes con el mismo número de cromos.

En un ámbito más práctico, la informática, también es un principio muy útil.

Para acabar, te proponemos un enunciado que parece contradecir este principio. Tu misión será buscar dónde falla el argumento.

> Un día un pequeño hotel con solamente 15 habitaciones estaba completamente lleno. De madrugada llegó un turista pidiendo habitación. El recepcionista, ante la previsión de obtener una buena propina, hizo lo siguiente: Colocó momentáneamente al turista en la primera habitación de forma que en ésta quedaran 2 clientes. Después pasó el cliente de la habitación 3 a la 2, que ya estaba libre. Al de la 4 lo acomodó en la 3 y así sucesivamente hasta llegar al cliente de la habitación 15, que fue mandado a la habitación 14. De esta manera quedó la habitación 15 libre. El nuevo cliente dejó la habitación número 1, que hasta el momento compartía, para pasar a ocupar la 15. Por lo tanto, cada cliente pudo disponer de una habitación individual para él solo y el recepcionista cobró la propina con la que había soñado.

54 / 100

EL PROBLEMA DE MONTY HALL: UN COCHE Y DOS CABRAS

Te propongo un juego con el que podrás ganar un coche de último modelo o una cabra (supondremos que tu interés se centra en conseguir el coche y no la cabra, claro). El juego consiste en que te sitúes frente a tres puertas, una de las cuales contiene un coche, mientras que en las otras dos hay una cabra. Te dejaré escoger una de las puertas, la que quieras. Una vez escogida, es evidente que quedarán dos puertas sin escoger y, al menos una, contendrá una cabra. Para dar un poco de emoción al juego, te abriré una de las dos puertas que has dejado sin escoger, evidentemente, una que contenga una cabra. Después de haberte abierto esta puerta y enseñarte la cabra, te daré una última oportunidad. Podrás quedarte con la puerta que habías escogido inicialmente o cambiar tu elección inicial y quedarte con la que todavía está cerrada y no habías elegido al principio. ¿Qué crees que te convendrá hacer? Parece evidente que al haber dos puertas la probabilidad de conseguir llevarte el coche es del 50%, tanto si te quedas con tu elección inicial como si cambias de puerta. Por lo tanto, da igual cambiar o no. ¿Estás de acuerdo con este argumento?

Pues, a pesar de ir totalmente contra la intuición y no parecer posible, es mucho mejor cambiar de puerta. A continuación, además de mostrarte cuál es el origen de este problema, te intentaré explicar por qué.

En 1990, Craig F. Whitaker envió una carta con el problema a una columna de la revista *Parade Magazine* escrita por Marilyn vos Savant (columnista y escritora de los EEUU que fue declarada la persona con el cociente intelectual más elevado del mundo, 228, cuando lo normal es 100), esperando que la tan inteligente columnista le explicase si era mejor cambiar de puerta, mantenerse en la elección inicial, o era indiferente.

Antes de seguir, debemos decir que el problema se llama *problema de Monty Hall* en honor al presentador de un programa clásico de TV llamado *Hagamos un trato*, donde la situación era muy parecida a la explicada pero sin cabras, claro.

La señora Vos Savant contestó muy correctamente que era mucho mejor cambiar de puerta que mantenerse en la elección inicial, pero esta respuesta trajo mucha controversia y llegaron algunas cartas de profesores universitarios criticando la solución propuesta, remarcando que ella no tenía conocimientos matemáticos y que había metido la pata hasta el fondo. Pero no, tenía toda la razón, es mucho mejor cambiar de puerta que no hacerlo. Veamos por qué.

Al hacer la elección inicial tienes 1/3 de probabilidades de escoger la puerta correcta, es decir, de media, solamente una vez de cada tres acertarías con la puerta correcta. Si después decides no cambiar de puerta, la probabilidad de obtener el coche se mantendrá y solamente un 33,33% de las veces conseguirás el premio deseado.

En el caso contrario, el caso en que decidas cambiar de puerta, solamente perderás el coche si lo tenías inicialmente. Es decir, en el caso en que decidas cambiar, solamente perderás el coche una de cada tres veces o, dicho de otra forma, ganarás dos de cada tres veces (66,67%).

A parte de esta explicación teórica, se puede hacer el experimento. De hecho, yo lo he hecho en clase con mis alumnos. Por grupos, simulaban el concurso diez veces cambiando de puerta cada vez y otras diez sin cambiar. Al terminar, uníamos los resultados de toda la clase y comprobábamos como el resultado empírico estaba muy cerca del teórico, confirmando así nuestros razonamientos.

Ya lo sabes, si alguna vez te proponen este juego cambia de puerta sin pensártelo.

Para acabar, solamente nos queda decirte que este problema se ha hecho muy famoso y ha sido un referente para muchos libros (*El curioso incidente del perro a medianoche*, *El hombre que solamente amaba los números*...), películas y series (*Friends*, *Numbers*, *21 Blackjack*...). También encontrarás muchos simuladores en Internet, con los cuales podrás acabar de convencerte si yo no lo he conseguido.

55 / 100

LAS MATEMÁTICAS DESMIENTEN LA FAMOSA LEY DE MURPHY

Todo el mundo ha oído alguna vez alguna ley de Murphy del tipo: "Si algo puede salir mal, saldrá mal", "Siempre que se rompe algo, ocurre en el peor momento", "Nunca seas el primero, nunca seas el último y nunca te presentes voluntario", "La otra cola siempre avanza más rápido" o "Si tenemos una tostada con mantequilla y se cae sobre la alfombra, siempre lo hace del lado de la mantequilla".

A veces, la sensación de que la ley de Murphy se cumple es debida a que solamente nos fijamos en todas aquellas ocasiones en que se ha verificado y no prestamos atención a aquellas en las cuales la "suerte" nos ha sido favorable. Es decir, nos quedamos mucho más con la parte negativa (ya que en el caso de la alfombra, por ejemplo, es la que produce peores consecuencias) que con todas las demás que nos han resultado favorables.

Pero en algunas ocasiones las matemáticas y la física nos pueden ayudar a explicar por qué pasa lo que pasa y nos demuestran que la ley de Murphy, aunque sea graciosa y ocurrente, no tiene nada que ver.

De hecho, se ha estudiado físicamente (con ayuda de ecuaciones matemáticas, por tanto) cómo cae una tostada de mantequilla desde una mesa y se ha comprobado que el hecho de que caiga con la cara untada sobre la alfombra es debido a la altura de la mesa. Cuando la tostada va cayendo, debido a que la cara untada pesa más que la otra, empieza a girar sobre sí misma de forma que al llegar al suelo ya está completamente girada con la parte de la mantequilla mirando hacia nuestra preciosa alfombra. Pero si la distancia entre la mesa y el suelo fuese superior (en una mesa gigante, por ejemplo) la tostada seguiría dando vueltas, de forma que ya no caería de la forma anteriormente citada, sino que habría dado una vuelta entera y no nos mancharía la alfombra. Por tanto, queda demostrado que el señor Murphy no tiene culpa alguna en la situación, es más bien un caso de peso, giro y ecuaciones matemáticas.

El caso de las colas en los supermercados también es un caso matemático, probabilístico, más bien. Si hay cinco cajas diferentes y escogemos aleatoriamente una de las cinco, tendremos una posibilidad entre cinco que nos haya tocado la más rápida. Pero, desgraciadamente, cuatro de las cinco veces veremos como otra cola que no es la nuestra avanza mucho más rápido.

Finalmente, la sensación de formar parte siempre del carril de la autopista que va más lento también tiene una explicación matemática. Normalmente, los carriles más lentos también son aquellos carriles en los que hay más coches. Por lo tanto, es más probable que estemos conduciendo en un carril lento que en uno rápido...

En resumen, continuaremos riendo y repitiendo aquello de que lo que nos ha pasado cumple la ley de Murphy: "Justamente pasas a revisar los deberes hoy que no los he hecho...", dicen mis alumnos, sabiendo que solamente se trata de una percepción subjetiva o de simples matemáticas.

56 / 100

¿CUÁNTOS CROMOS TENDRÉ QUE COMPRAR PARA COMPLETAR MI COLECCIÓN?

De pequeños, y algunos no tan pequeños, todos hemos intentado completar alguna colección de cromos. Ir a comprar los cromos, pegarlos en el álbum y esperar hasta tenerlos todos era un pequeño reto. Pero, ¿te has parado nunca a pensar cuántos cromos tendrás que comprar, por término medio, para completar la colección entera? Pues, aunque parezca imposible, también lo podemos calcular.

Después de un cálculo de probabilidades y esperanza matemática no muy complejo se obtiene que, de media, el número de cromos que se tienen que comprar para poder terminar una colección formada por N unidades es:

$$N \cdot \left(1 + \frac{1}{2} + \frac{1}{3} + \ldots + \frac{1}{N}\right) \approx N \cdot (0{,}577 + \ln(N))$$

La fórmula refleja lo que todos hemos notado a la práctica, la facilidad con que se consiguen cromos nuevos al empezar la colección y como, poco a poco, cada vez es más complicado obtenerlos.

Antes de seguir, debemos añadir que para realizar el cálculo se ha considerado que todos los cromos se producen con la misma proporción (aunque algunas veces no lo parece).

Dado que la fórmula puede parecer un poco abstracta, en la siguiente tabla podrás encontrar el número de cromos que deberás comprar según la cantidad total que forme la colección:

Cromos que tiene la colección	*Cuántos tienes que comprar*
10	29,29
20	71,95
30	119,85

50	224,96
60	280,79
80	397,24
100	518,74
150	838,68
200	1.175,61

Así que, si quieres completar una colección de 50 cromos, por ejemplo, deberás comprar, aproximadamente, 225.

De la misma forma, existe una fórmula parecida para el caso en que M amigos se intercambien sus cromos con la intención de que todos consigan completar sus álbumes, pero este es un tema que dejaremos para otro libro.

57 / 100

LA FAMILIA PELAYO O CÓMO GANAR EN LOS CASINOS

Una de las preguntas que más he oído en los años que llevo trabajando como profesor de matemáticas es: "Y todo esto, ¿para qué sirve?" Después de explicar lo mejor que puedo la utilidad de las matemáticas para conseguir que el mundo funcione, siempre hay algún alumno no convencido que añade: "Vale, pero, todo esto, ¿a mí para qué me sirve?" Uno de los argumentos más sólidos que le puedo dar es que, si aprende a pensar por sí mismo y se convierte en una persona crítica que en todo momento se pregunte el por qué de las cosas, tendrá más calidad de vida. Y si todo esto todavía no es suficiente, la siguiente historia me da, desgraciadamente, un argumento infalible: el económico...

Esta historia empieza a finales del año 1991, cuando Gonzalo García Pelayo organiza a toda su familia para, aplicando las matemáticas, ganar en los casinos.

Este hombre, que ha sido productor musical, director de cine y locutor de radio, pensó que las ruletas no podían ser perfectas. Son unos objetos físicos, no ideales, que por muy bien hechos que estén no pueden ser perfectos y, por lo tanto, la probabilidad de que cada número salga no puede ser exactamente la misma para todos. Si era capaz de determinar cuáles eran los números que aparecían con más frecuencia (aunque la diferencia fuese mínima), solamente debería dedicarse a apostar por ellos y esperar.

Y así lo hizo. Organizó a toda su familia de forma que durante días y días fueran apuntando los resultados obtenidos en cada mesa para, después, analizar matemáticamente todos los datos y obtener los números a los que debían apostar.

Finalmente, y dado que las matemáticas nunca mienten, el procedimiento empezó a producir sus frutos. Durante el verano de 1992 obtuvieron 70.000.000 de pesetas (420.000 €), pero al ser descubiertos se les negó la entrada a los casinos de España. Aferrándose al hecho de que el método no era ilegal, se desplazaron a casinos de Las Vegas, Australia, Austria, Dinamarca y Holanda, ganaron más de un millón y medio de euros y vivieron todo tipo de aventuras al ir siendo descubiertos.

Finalmente, solamente nos queda añadir que en el año 2004 el Tribunal Supremo obligó a que volvieran a ser admitidos en los casinos españoles, al considerar que ¡utilizar las matemáticas no es hacer trampas! Lamentablemente para ellos, los casinos ya habían tomado medidas que imposibilitaban seguir utilizando el método descubierto.

Si la historia te ha gustado y quieres saber más detalles, puedes leer el libro *La fabulosa historia de los Pelayos* o ver la película *The Pelayos* (en el blog encontrarás las referencias).

58 / 100

¿CÓMO PODEMOS SER JUSTOS CON UNA MONEDA INJUSTA?

Como debes de saber, al empezar un partido de fútbol se sortea quién tendrá la pelota por primera vez y quién escogerá la portería. Para hacer el sorteo, el árbitro tira una moneda al aire y, según salga cara o cruz, un capitán u otro escogerá. Pero, imaginemos, por un momento, que la moneda que lleva el árbitro está trucada de forma que no tenga la misma probabilidad de obtener cara que cruz. ¿Se podría hacer el sorteo de forma justa con esta moneda injusta?

La respuesta es afirmativa, veamos cómo podríamos hacerlo.

Supongamos que la probabilidad de salir cara (C) con esta moneda fuera p. Entonces, la probabilidad de salir cruz (X) sería $1 - p$, ya que la suma de las probabilidades de dos sucesos contrarios siempre es 1. También es evidente que no podremos utilizar el mismo sistema que utiliza el árbitro cuando la moneda no está trucada, porque uno de los dos capitanes tendría ventaja. Para arreglarlo, hacemos lo siguiente: tiraremos la moneda 2 veces. Si sale (C, C) o (X, X), empezaremos de nuevo. En el caso que salga (C, X), ganará uno de los dos capitanes y, en el caso que salga (X, C), ganará el segundo. Hecho así, el sorteo es justo aunque la moneda esté trucada, ya que la probabilidad de que salga (C, X) es $p \cdot (1 - p)$, mientras que la probabilidad de que salga (X, C) es $(1 - p) \cdot p$, es decir, la misma. Problema solucionado.

Antes de terminar, y aprovechando que hablamos de monedas y azar, quisiéramos hacer unas cuantas consideraciones más.

Supón que has tirado una moneda equilibrada (con la misma probabilidad de obtener cara que cruz) diez veces y en todas te ha salido cara. Entonces es más probable que en la próxima tirada salga cruz, ya que la probabilidad de obtener once caras seguidas es muy baja (de hecho, es de 1 entre 2.048). ¿Te ha convencido el argumento? No debería haberlo hecho, porque es falso, tendremos la misma probabilidad de obtener cara que cruz haya salido lo que haya salido antes. Es evidente que la moneda no se acuerda de lo que ha hecho las diez veces anteriores. Se suele decir que la moneda no tiene memoria. Por lo tanto, la probabilidad es de 1/2 tanto para el hecho de salir cara como para el hecho de salir cruz.

Un argumento parecido o justo el contrario es el que algunas veces he oído en referencia a los sorteos de la lotería. Cuando una administración da un premio importante, mucha gente decide ir a comprar sus billetes allí con la esperanza de que vuelva a tocar en aquel sitio. Algunos piensan que allí encontrarán la suerte, mientras que otros aseguran que ahora la probabilidad es más baja que en las demás administraciones, ya que es muy difícil que el premio caiga dos veces en el mismo sitio. ¿Es cierto alguno de los argumentos? ¿Tenemos mayor, menor o igual probabilidad de obtener el premio? La respuesta es que, si todas las administraciones vendiesen la misma cantidad de números, la probabilidad de que tocara en una misma administración concreta sería la misma tanto si ha tocado antes como si no.

Pero, ¿por qué hay administraciones que dan más premios que otras? ¿Comprar un billete allí nos asegura tener más suerte que comprarlo en otro sitio?

Afortunadamente, la respuesta es que tenemos la misma probabilidad de ganar el gordo si compramos nuestro billete en la administración de la esquina que si vamos a La Bruixa d'Or o a Doña Manolita. El hecho de que haya administraciones que den más premios es debido a que venden muchos más billetes que algunas otras y, como es evidente, si compras más billetes, es más probable que te toque. De la misma forma, es más probable que el gordo toque en Barcelona o Madrid que en pueblos como Ciutadella de Menorca.

En resumen, si quieres seguir haciendo colas en las administraciones más conocidas, puedes hacerlo, pero debes tener bien claro que el bombo no conoce a brujas ni a Manolitas.

59 / 100

ESTADÍSTICA. CÓMO MENTIR OBJETIVAMENTE

Hay tres tipos de mentiras: las mentiras,
las malditas mentiras y las estadísticas.

MARK TWAIN

Muchas veces se utiliza la estadística y, por extensión, las matemáticas como argumento infalible a partir del cual se pueden extraer conclusiones totalmente objetivas para explicar el mundo que nos rodea. Pero no siempre es del todo cierto, ya que muchas veces se pueden presentar o interpretar los resultados obtenidos de la forma más conveniente para incitar al lector con poca formación o que no se fija en los detalles a extraer conclusiones preestablecidas. Técnicamente no nos engañan, pero ponen todos los medios a nuestro alcance para intentar que nos engañemos nosotros mismos.

Antes de empezar a analizar alguna de estas trampas, debemos recordar que precisamente la educación secundaria sirve, básicamente, para formar a ciudadanos críticos y capaces de entender y analizar cualquier información sin dejarse engañar. Esto último es un derecho que nadie debería poder quitarnos. Pasemos, ahora sí, a analizar estas trampas.

Estadísticas de iniciativa propia. Las estadísticas voluntarias en las que se debe hacer algo como contestar por Internet, llamar a algún teléfono gratuito o enviar alguna carta fomentan que solamente contesten las personas más decididas o con opiniones más definidas, que, posiblemente, no representan el total de la población. El simple hecho de no querer contestar una encuesta indica que la persona que no contesta es marcadamente diferente, por el motivo que sea, de las demás, pero su opinión en ningún momento quedará reflejada.

Muestras pequeñas. No es correcto coger muestras demasiado pequeñas porque los resultados pueden depender demasiado de la opinión de las pocas personas que hemos entrevistado.

Gráficas tendenciosas. Los gráficos estadísticos son otra forma de dirigir la opinión del lector. Escoger las escalas adecuadamente puede conllevar unas conclusiones u otras (por ejemplo, en la figura 1 se representan los mismos datos obteniendo dos percepciones totalmente contrapuestas). En el caso de utilizar pictogramas pasa lo mismo. Si se utilizan objetos bidimensionales o tridimensionales como pueden ser cajas, bolsas de dinero, círculos etc., se debe tener en cuenta que si duplicamos el radio de un círculo su superficie se multiplica por 4, y en el caso de una esfera, al duplicar el radio obtenemos que su volumen se ve multiplicado por 8. De esta forma, al representar datos mediante círculos o figuras tridimensionales es muy importante estudiar cómo deben ser sus medidas para hacer figuras con la superficie o el volumen dobles (figura 2).

Media aritmética. La media aritmética es un parámetro muy fácil de calcular y muy conocido, pero mal empleado también puede llevar a engaño. Pongamos un par de ejemplos, uno muy evidente y el otro no tanto. Primero supongamos la existencia (¿ficticia?) de una empresa en la que el jefe gane 20.000 € al mes, mientras que sus cuatro empleados cobran 800 € cada uno. Si decimos que el sueldo medio mensual de los cinco trabajadores de aquella empresa es de 4.640 € al mes no estamos mintiendo, pero también es cierto que no damos ninguna información cierta de lo que está pasando en la empresa.

Y otro caso más sangrante que se ha utilizado durante nuestra crisis para defender lo indefendible. Imaginémonos un pueblo en el que solamente trabajen cinco personas, cuatro de las cuales cobran 1.500 € al mes y otra solamente 600 €. Si lo calculamos, obtenemos que el sueldo medio de los habitantes del pueblo que trabajan es de 1.320 €. Imaginemos ahora que el que tiene menor sueldo es despedido. En este caso, el sueldo medio de los trabajadores del pueblo pasa a ser de ¡1.500 €! Es decir, en ese pueblo ha subido el sueldo medio de los trabajadores. Si solamente nos dicen que en tal pueblo ha subido el sueldo medio de los trabajadores, parece una noticia a todas luces positiva. ¡Pero el hecho es muy negativo!

Para evitar el engaño producido por la media aritmética es conveniente utilizar otros parámetros como puede ser la mediana o acompañar la media aritmética con la desviación típica.

Preguntas tendenciosas. Al recoger datos, ciertas preguntas también pueden ser tendenciosas, es decir, nos pueden empujar a contestar algo que, preguntados de otra forma, nunca diríamos. Si, por ejemplo, consideramos estas dos preguntas: "¿Cree que el gobierno destina suficientes recursos a los subsidios?" o "¿Cree que el gobierno ayuda suficientemente a las personas que están en paro?", las respuestas pueden cambiar en número y en sentido.

Si hay más de una pregunta, el orden en que sean efectuadas también puede marcar diferencias en las respuestas.

Otras cuestiones. Otros errores bastante comunes pueden ser confundir correlación con causalidad (es decir, que dos sucesos estén relacionados no tiene por qué querer decir que uno desencadene el otro) o considerar números absolutos en lugar de relativos. De hecho, sería un error defender que las mujeres conducen mejor porque el número absoluto de accidentes de tráfico en los que conducen hombres es mucho mayor al de los accidentes en los que conduce una mujer (recordemos que hay muchos más hombres al volante que mujeres,

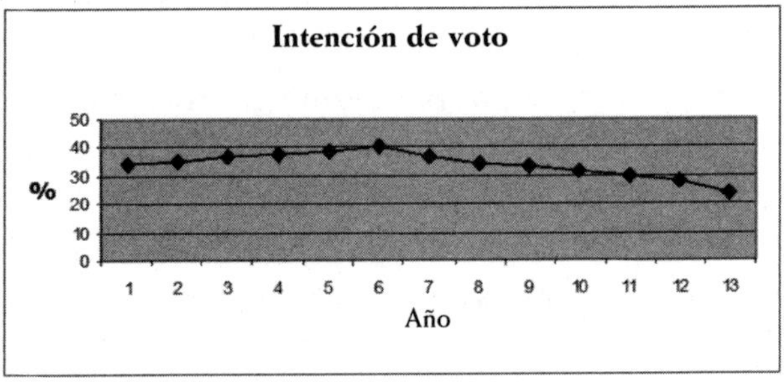

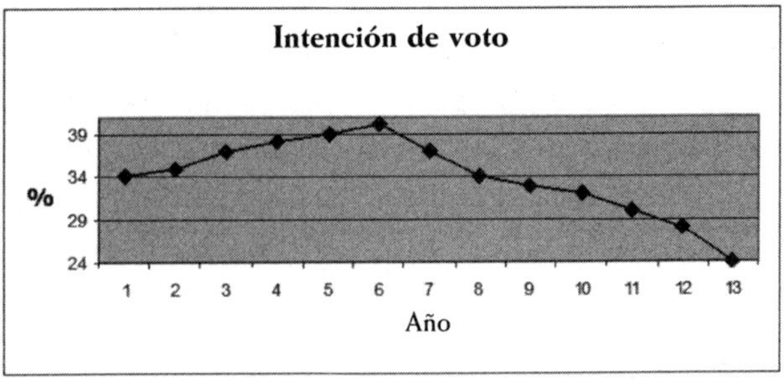

aunque pueda ser objetivamente demostrable que las mujeres conducen mejor). Otro error se comete al suponer que cifras con muchos números decimales son más exactas que cifras más "redondas".

Para salvarnos de todas estas "trampas", solamente hay una solución: la educación, que nos enseña a leer, analizar y no dejar que nos engañen.

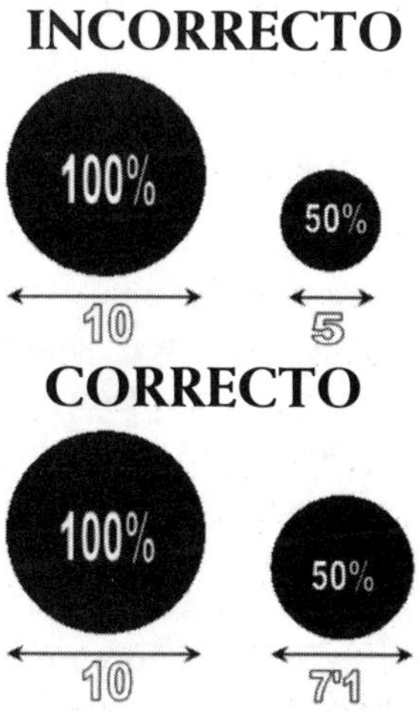

60 / 100

UNA PARADA EN EL CAMINO: EL PROBLEMA DE LA ENFERMEDAD EN EL MONASTERIO

Haremos una nueva parada en el camino intentado resolver un problema clásico. Dice así:

> En un monasterio donde hay muchos monjes se extiende una terrible enfermedad que solamente se manifiesta con un punto rojo en la frente del monje infectado. Esta enfermedad se tiene o no se tiene, es decir, no se puede transmitir a ningún otro monje sano. Solamente se deja salir a los monjes que están seguros al 100% de que están enfermos y deben hacerlo inmediatamente en el momento en que lo descubran. Estos monjes son un poco peculiares y, además de no salir del monasterio, han hecho voto de silencio y no se pueden comunicar con los demás en ningún momento y de ninguna forma. De hecho, solamente se ven una vez al día, durante el almuerzo, y en aquel momento tampoco se pueden comunicar.
>
> Un día llega al monasterio un doctor que, durante un almuerzo, les dice:
>
> —Atención, en este monasterio hay, al menos, un enfermo. Todos aquellos monjes que puedan llegar a deducir que están enfermos deberían abandonar el monasterio justo en el momento en que lo descubran.
>
> Después de haberlo dicho, en el cuarto almuerzo posterior al anuncio ya faltaron algunos monjes, que habían deducido que estaban enfermos.

¿Sabrías decir cuántos monjes faltaron en esa comida y, lo más importante, cómo llegaron a deducir que precisamente ellos estaban enfermos?

Nota: tampoco tenían ningún objeto ni ninguna otra cosa que les permitiera verse reflejados.

Deberías intentar pensar durante un buen rato en la solución del problema. Si, pasado este tiempo, no has llegado a ninguna conclusión, puedes consultar la pista.

Pista: si solamente hubiera un monje enfermo, ¿hubiera sido necesario que esperara hasta el tercer almuerzo para saber que estaba enfermo? ¿Por qué? ¿Cuándo lo hubiera descubierto? Cuando hayas contestado estas preguntas, sigue preguntándote si podría haber solamente dos monjes enfermos...

Solución: ¡Atención! A continuación tienes la solución, pero deberías hacer el esfuerzo de consultarla solamente si estás totalmente seguro/a de que no podrás llegar a la respuesta por tus propios medios, aunque no sea en este momento.

Como te decíamos en la pista, no podría haber solamente un monje enfermo porque durante la primera comida vería que ninguno de sus compañeros está enfermo, señal inequívoca de que el enfermo es él, porque el médico les aseguró que, al menos, había un enfermo.

Supongamos ahora que hubiese exactamente dos monjes enfermos y pongámonos en la piel de uno de ellos. Uno de los monjes enfermos vería que hay otro monje infectado, pero en ese preciso momento no sabría si solamente está enfermo el que está viendo o si él también lo está. Si durante el segundo almuerzo el monje que había visto enfermo el día anterior todavía no se ha ido del monasterio es porque está esperando lo mismo del monje que observa. Así, en la segunda comida los dos se dan cuenta de que ambos están enfermos.

Finalmente, y de la misma forma, si hubiera tres monjes enfermos deberían esperar hasta el tercer almuerzo para estar seguros al 100% de que ellos también están enfermos, ya que podría haber dos o tres enfermos. Si después de la segunda reunión para comer los dos enfermos todavía están en el monasterio es porque hay exactamente tres enfermos.

Así pues, el médico había visto tres puntos rojos y los monjes tuvieron que esperar a encontrarse en tres almuerzos para saberlo.

VII. CULTURA MATEMÁTICA...

61 / 100

ARTE Y MATEMÁTICAS

Aunque pueda parecer imposible, la relación entre arte y matemáticas es considerable. De hecho, son muchas las obras y estilos que se han inspirado en esta ciencia y que la han utilizado como herramienta para su desarrollo. En este capítulo veremos algunas de ellas.

Podríamos empezar por las pirámides de Egipto. Se ha escrito mucho acerca de las matemáticas que las envuelven. Algunos creen que la pirámide de Keops se construyó utilizando el número áureo (si no lo has hecho todavía, puedes leer el capítulo "El número de oro") y otros también encuentran allí alguna relación con el número π. De hecho, se han llegado a escribir tesis en las que se demuestra una alta presencia de las matemáticas en las relaciones entre algunas de las medidas de las pirámides.

Si seguimos tirando del hilo de la historia nos encontramos con el número de oro o la proporción áurea, tema que, al haber sido tratado en un capítulo anterior, no ampliaremos.

Los polígonos son otros elementos matemáticos muy utilizados en el arte. Los triángulos, cuadrados, pentágonos o hexágonos han sido siempre relacionados con los números, e incluir estos polígonos es una forma mucho más visual de introducir los números en las obras de arte. Ejemplos de esto los encontramos en el arte islámico y, por extensión, en el arte medieval. Un poco más cerca tenemos al gran Antoni Gaudí, que también los utilizó en muchas de sus obras (Bellesguard, Casa Vicens, baldosas del paseo de Gracia...).

Otro sitio importante en el que podemos encontrar polígonos y, por tanto, matemáticas, son los mosaicos. Recordemos que un mosaico es un recubrimiento del plano por medio de figuras planas que no dejan vacíos y no se solapan. Los encontramos en obras islámicas, egipcias, romanas... Y, evidentemente, muchos de los pavimentos de los suelos antiguos y actuales utilizan baldosas con formas geométricas.

Para acabar con los mosaicos, debemos nombrar algunos de ellos: los que podemos encontrar en la Alhambra de Granada (donde aparecen los 17 grupos de simetría), los creados por M. C. Escher y los de Roger Penrose, por ejemplo.

Si a continuación nos fijamos en los poliedros, veremos muchas obras donde son un elemento muy importante. Los utilizan: griegos y romanos (que fabrican bonitos dodecaedros de bronce), en el Renacimiento (con la nueva perspectiva y los puntos de fuga), Leonardo da Vinci, el cubismo de Picasso, Dalí, Escher... Y en el campo de la arquitectura podemos remarcar los módulos de Leoz, Bofill o Blom, además de gran cantidad de cúpulas que surgen a partir del icosaedro y, como ya hemos dicho, en la obra de Gaudí...

El problema de representar objetos tridimensionales en el plano ha sido una cuestión que ha traído de cabeza a los artistas. Desde el Partenón de Atenas, en el que las columnas más alejadas del centro están más separadas y curvadas para compensar la visión del espectador, hasta la actualidad, el problema de la perspectiva ha sido muy estudiado. La pintura medieval todavía no tenía este tema resuelto y hacía una pintura jerárquica en la cual se dibujaban los objetos en planos diferentes. Hacia el siglo XV aparece el punto de fuga, con ejemplos como *La última cena*, de Da Vinci, o *La escuela de Atenas*, de Rafael.

También debemos destacar a Piero della Francesca, pintor, geómetra y matemático experto en perspectiva y uso de la luz.

No podemos dejar de mencionar a Alberto Durero (que trató la perspectiva, la geometría en la arquitectura, los sólidos platónicos, los polígonos regulares...), Leonardo da Vinci (quien incorporó conceptos matemáticos en su obra, como pueden ser la perspectiva, el punto de fuga, la proporción áurea y otras proporciones en el cuerpo humano), M. C. Escher (quien, a partir de los mosaicos, giros y translaciones, crea obras impresionantes que en algunas ocasiones van contra la lógica y la razón) y Salvador Dalí (quien introduce conceptos matemáticos en su obra, como pueden ser el hipercubo o el dodecaedro). Para acabar, debemos destacar el arte fractal, arte de relativa reciente creación que, con ayuda de la informática, crea figuras fractales de una gran belleza.

62 / 100

LITERATURA Y MATEMÁTICAS

Una de las frases que más odio (a parte de la que surge después de muchas cenas: "Haz la división tú, que eres el matemático") es aquella que pregunta: "¿Tú eres de ciencias o de letras?" ¿Es que una persona no puede ser de las dos cosas? ¿O es que los matemáticos tienen el cerebro configurado para únicamente saber procesar números y fórmulas? ¿Acaso son una especie de robots insensibles y sin la más mínima capacidad para valorar la belleza y la estética?

Como es evidente, la respuesta es que los matemáticos somos personas como los demás y, dejando a parte nuestra profesión, vivimos igual que cualquier persona: tenemos días buenos y otros malos, amamos y somos amados, algunas veces somos felices y otras no tanto...

Por lo tanto, no nos debería extrañar lo más mínimo poder encontrar obras en las que se haga evidente la relación entre literatura y matemáticas. A continuación encontrarás una lista incompleta de obras en forma de novela o novelas que hablan de matemáticas. La selección es personal y, afortunadamente, el listado es infinitamente más amplio del que aparece aquí.

Una mente prodigiosa. Sylvia Nasar. Editorial DeBolsillo. Relata la historia del matemático norteamericano y premio Nobel de economía John Forbes Nash.

El hombre que calculaba. Malba Tahan. Editorial RBA. Relata el viaje por tierras exóticas de un árabe hábil con las matemáticas.

El diablo de los números. Hans Magnus Enzensberger. Editorial Siruela. Un diablo se le aparece en sueños a Robert y le hace ver que las matemáticas no son tan espantosas.

El teorema del loro. Denis Guedj. Editorial Anagrama. Una gran novela donde se unen humor y razón.

Míster Cuadrado; Los diez magníficos; La sorpresa de los números. Tres libros de Anna Cerasoli en la editorial Maeva que pretenden acercar las matemáticas a los más jóvenes por medio de entretenidas historias...

El tío Petros y la conjetura de Goldbach. Apostolos Doxiadis. Ediciones B. Magnífica novela que habla de matemáticas, matemáticos y el ansia por descubrir lo que nadie ha descubierto antes.

El contable hindú. David Leavitt. Editorial Anagrama. Historia novelada de la vida de Srinivasa Ramanujan, impresionante matemático autodidacta.

La medición del mundo. Daniel Kehlmann. Maeva. Historia en paralelo del matemático Gauss y el naturalista Humboldt.

Los crímenes de Oxford. Guillermo Martínez. Editorial Destino. Un joven estudiante se encuentra con el cadáver de una señora mayor. El crimen resultará ser un reto intelectual...

Los cuentos de Borges *La biblioteca de Babel, El Zahir, El Aleph* y *La escritura del Dios*, en los que podemos encontrar referencias al infinito matemático.

El asesinato del profesor de matemáticas. Jordi Sierra i Fabra. Editorial Anaya. En este relato tres alumnos investigan el asesinato de su profesor de matemáticas. Es perfecto para los más jóvenes.

Entre lo real y lo imaginario. VV. AA. Editorial Anaya. Este libro, o cualquiera de los posteriores, reúne los relatos matemáticos presentados a un concurso anual de narraciones convocado por la Real Sociedad Matemática Española.

Pasiones, piojos, dioses... y matemáticas. La condición humana a la luz de la ciencia más antigua. Antonio J. Durán. Ediciones Destino. En este libro queda muy claro lo que decíamos al principio del capítulo: las matemáticas no se pueden desligar de la vida...

Para terminar, no quisiéramos dejar de lado la poesía o el teatro. Los libros *Los números oscuros*, de Clara Janés, y *πoetas. Primera antología de poesía con matemáticas*, de Jesús Malia, nos demuestran que la poesía y las matemáticas no son incompatibles. En referencia al teatro, debemos destacar obras como *El encuentro de Descartes con Pascal joven* o, para los más jóvenes, *La rebelión de los números*, de Antonio de la Fuente Arjona.

Y, para acabar y seguir ampliando el capítulo, te recomendamos la lectura del libro *También los novelistas saben matemáticas*, en el que José del Río en la editorial Akrón repasa muchos de los libros escritos por grandes novelistas en los que aparecen las matemáticas.

63 / 100

EL CALENDARIO JULIANO. ¿CÓMO SURGEN LOS AÑOS BISIESTOS?

El calendario actual, dividido en 12 meses, algunos de los cuales tienen 30 días y otros 31 (a excepción de febrero, que tiene 28 o 29), se llama *calendario gregoriano* en honor al papa Gregorio XIII, que lo instauró en el año 1582 para sustituir al calendario juliano (vigente desde el año 46 a. C.). Veamos unas cuantas características del calendario y su origen.

Como sabes, nuestro calendario se basa en el ciclo del Sol, es decir, se intenta dividir en partes iguales el tiempo que tarda la Tierra en dar una vuelta completa alrededor del Sol.

El antiguo calendario romano solamente contaba con 10 meses (de entre 30 y 31 días), el primero de los cuales era Martius (marzo, el mes de Marte), seguido de Aprilis (el mes de la apertura de las flores), Maius (el mes de la diosa Maia) y Junius (el mes dedicado a la diosa Juno), y a partir de aquí se iban numerando: Quintilis, Sextilis y así hasta llegar al último: December (el que hace 10). Después se añadieron dos meses más al final del calendario: enero (Ianuarius, el mes del dios Jano) y febrero (Februarius, que surge de *februa*, el mes de las hogueras purificadoras), de forma que febrero pasó a ser el último de la lista de meses.

Hacia el año 46 a. C. el emperador romano Julio César puso un poco de orden en el calendario y creó lo que más tarde se llamaría *calendario juliano*. A partir de ese momento, todos los años tendrían 365 días a excepción de un año cada cuatro, al cual se le añadiría un día, concretamente otro 24 de febrero, y como al día 24 lo llamaban *día sexto antes de marzo*, al nuevo 24 lo llamaron *bis sextum*, de donde proviene *bisiesto*. Así se estableció que el año tendría 12 meses, los impares con 31 días y los pares con 30, exceptuando febrero, que solamente tendría 29.

Pero todavía no les quedó suficientemente "cuadrado", porque la Tierra tarda exactamente 365,24219 días en dar la vuelta alrededor del Sol, es decir, tarda 365,24219 x 4 = 1.460,9688 días cada cuatro años. Si con el calendario juliano se considera que en cuatro años hay 365 + 365 + 365 + 366 = 1.461 días, tenemos un desfase de 0,0312 días cada cuatro años, es decir, unos 11 minutos por año. Es evidente que lo que se pretendía era que el calendario coincidiese con las estaciones y estos 11 minutos que va más lento el calendario que la Tierra parecen poco significativos, pero hacia el año 1582 ya empezaban a notar que el equinoccio de primavera que marcaba el calendario no coincidía con el que marcaban las estaciones. De hecho, en ese momento ya llevaban unos 10 días de retraso respecto al equinoccio real. Este error se tenía que resolver.

Antes de continuar, debemos decir que hacia el año 44 a. C. se decidió dedicar el quinto mes, Quintilis, a Julio César y pasó a llamarse Julium (julio). Pero en el año 23 a. C., para contentar al emperador César Augusto, le dieron su nombre al mes que seguía a Julium (Sextilis). Aunque hasta el momento Sextilis tenía un día menos que Julium y César Augusto no podía ser menos que Julio César. De esta forma volvieron a quitarle un día al último mes, febrero, que quedó definitivamente con 28 días. Y así fue como quedó la distribución que tenemos actualmente: enero, marzo, mayo, julio, agosto, octubre y diciembre con 31 días; abril, junio, septiembre y noviembre con 30 días y febrero con 28 días o 29 los años bisiestos. (Continuará...)

64 / 100

EL CALENDARIO GREGORIANO. DÍA 15, EL DÍA DESPUÉS DEL DÍA 4.

Como ya vimos en el capítulo anterior, si consideramos bisiesto cada año que sea divisible por 4, la duración de un año del calendario es 11 minutos más larga que el que marca la Tierra y, por lo tanto, llegados a 1582 ya se habían acumulado 10 días de desfase entre la Tierra y el calendario, de forma que las estaciones empezaban a no coincidir. Para arreglarlo, el papa Gregorio XIII propuso una reforma del calendario juliano. La propuesta fue la siguiente: añadir un día más a febrero los años que fuesen múltiplos de 4 (2004, 2008, 2012...), pero no hacerlo los años que terminaran en 00 (por ejemplo, no fueron bisiestos los años 1700, 1800 y 1900). Es decir, cada 100 años no se añadía el bisiesto que, en principio, debería añadirse. Pero sí decidieron añadirlo aquellos años que, además de ser múltiplos de 100, lo fueran de 400 (así, el año 2000 debería serlo por ser divisible por 4, pero no porque era divisible por 100, pero al final sí porque era divisible por 400). De esta forma, cada 400 años habría 100 – 3 = 97 años bisiestos. En este caso, la duración de estos 400 años en el calendario sería la siguiente: 97 x 366 + 303 x 365 = 146.097 días, que suponen 146.097:400 = 365,2425 días por año. La diferencia entre el año del calendario y el de la Tierra es, por lo tanto, de 365,2425 – 365,24219 ≈ 0,000301 días, lo que supone, aproximadamente, un día de desfase cada 3.300 años, lo cual pasa a ser prácticamente imperceptible...

Y, para terminar, un par de anécdotas. La primera hace referencia al momento en el cual el papa Gregorio decidió ajustar el desfase que se había producido hasta 1582 eliminando los días que iban del 5 de octubre de 1582 hasta el 14 de octubre del mismo año. De esta forma, santa Teresa de Jesús, que murió el jueves 4 de octubre de ese mismo año, tuvo que ser enterrada al día siguiente, el viernes 15 de octubre de 1582.

Y la segunda anécdota hace referencia al inicio del siglo XXI. A finales del año 1999 hubo un poco de polémica acerca de qué pasaría con el cambio de siglo al empezar el año 2000 (entre otras cosas, se dudaba de si los aparatos electrónicos se volverían locos y paralizarían el planeta), pero debemos recordar que el siglo XXI empezó en el año 2001. Esto es debido a que no hubo año 0 y, por lo tanto, el primer siglo comienza en enero del año 1 y acaba en diciembre del año 100.

Por lo tanto, en el año 101 empezó el segundo siglo y de la misma forma en 2001 empezó el siglo XXI.

Así que ahora mismo tenemos un calendario muy ajustado, no es perfecto, pero ya se encargarán de ajustarlo dentro de 10.000 años.

65 / 100

EL SISTEMA ANGLOSAJÓN DE UNIDADES

El sistema anglosajón de unidades es un conjunto de unidades no métricas (que son las que utilizamos nosotros normalmente) que se utiliza, básicamente, en los EEUU. Poco a poco estas unidades van siendo sustituidas por el Sistema Internacional de Unidades (derivado del Sistema Métrico Decimal), aunque el cambio está costando.

Mientras que la pulgada en el sistema de medida internacional es, por definición, 25,4 mm, en los EEUU se define de forma que un metro contenga 39,37 pulgadas, lo que supone una diferencia pequeña. En la siguiente tabla aparecen las medidas más importantes y su equivalencia en el SI, que es el nuestro.

	Equivalencia en el SI
Unidades de longitud	
1 pulgada (in)	2,54 cm
1 pie (ft) = 12 in	30,48 cm
1 yarda (yd) = 3 ft	91,44 cm
1 braza = 2 yd	1,829 m
1 milla terrestre = 880 yd	1,609 km
1 milla náutica	1,852 km
Unidades de masa	
Onza	28,35 g
Libra	453,59 g
Unidades de superficie	
1 pulgada cuadrada (in^2)	6,45416 cm^2
1 pie cuadrado (ft^2)	929,0304 cm^2
1 acre (ac)	4.046,856 m^2
1 milla cuadrada (mi^2)	2,59 km^2

Unidades de capacidad	
1 pinta (pt) (Inglaterra)	0,568 l
1 pinta (pt) (EEUU)	0,5506 l
Barril	159 l

De estas unidades se deriva la milla por hora (mph), que equivale a 1,609 km/h (los fans de la serie *El coche fantástico* hemos visto más de una vez mph en el cuentamillas del coche), y el nudo, que equivale a una milla náutica por hora, es decir 1,852 km/h (esta medida es bien conocida por los marineros, que todavía cuentan la velocidad del barco en nudos).

Como curiosidad y para acabar, nos gustaría explicarte que el nudo como unidad de velocidad tiene su origen en un antiguo proceso de medida de la velocidad a la que iba un barco. Un tripulante disponía de una cuerda con nudos hechos a intervalos regulares y una pieza de madera atada a uno de sus extremos. Otro tripulante tenía un reloj de arena de aproximadamente medio minuto. Para medir la velocidad a la que iban, tiraban la madera por la proa del barco (parte delantera) y cuando pasaba el primer nudo ponían en marcha el reloj e iban contando cuántos nudos pasaban durante dicho medio minuto.

66 / 100

EL QUIJOTE Y LAS MATEMÁTICAS

En la obra *El ingenioso hidalgo don Quijote de la Mancha* aparecen algunas referencias a conceptos lógicos y matemáticos. A continuación veremos unas cuantas.

Pero antes debemos empezar por hablar un poco de la obra y su autor. La novela en cuestión fue publicada en el año 1605 y es una de las obras más destacadas de la literatura española universal, además de ser una de las más traducidas. En 1615 se publicó una segunda parte llamada *El ingenioso caballero don Quijote de la Mancha*. La novela pretende desmitificar la tradición caballeresca y cortesana por medio del tratamiento burlesco de la misma. Su autor es Miguel de Cervantes (1547-1616), que fue un soldado, novelista, poeta y dramaturgo español.

Continuemos, pues, buscando qué matemáticas podemos encontrar en la obra.

Para empezar, debemos decir que se habla de matemáticas en el capítulo XXXIII de la primera parte y en los capítulos XVIII, XIX y XXXVIII de la segunda parte, entre otros. En estas citas se destaca el valor de la matemática como algo útil y sus demostraciones como indiscutibles.

Los números también son muy recurrentes en la obra; de hecho, es la parte matemática que más aparece en la obra. También se utilizan números pequeños para referirse a cantidades cotidianas como los años, el dinero o el tiempo. Se utiliza el número *mil* como exageración: "Me lo confirmó con mil juramentos y mil desmayos". Aparecen las docenas y las medias docenas. En ella también se utilizan muchos tipos de monedas (blanca, ardite, cornado, cuartillo, cuarto, dineros, ducado, escudo, maravedí, real, sueldo…).

Otras unidades de medida que podemos encontrar son: la milla, la legua, el paso, la braza, la vara, el codo, el pie, la arroba (@), la libra, la fanega... Aparece el infinito utilizado como una gran cantidad y hay algunas referencias a la astronomía y la navegación.

Como hemos visto, las referencias matemáticas o, más concretamente, sus aplicaciones son muchas en la obra de Cervantes.

Para terminar, nos gustaría extraer una interesante paradoja que también aparece en la novela. Antes de introducirla debemos recordar que una paradoja es una proposición que en apariencia es verdadera pero que comporta una contradicción lógica o una situación que va contra el sentido común. Por ejemplo, "Trae mala suerte ser supersticioso", "No hagas caso a lo que te digo" o "Prohibido prohibir".

Volviendo a la obra, en el capítulo LI de la segunda parte podemos encontrar el siguiente párrafo:

> "Si alguno pasare por esta puente de una parte a otra, ha de jurar primero adónde y a qué va; y si jurare verdad, déjenle pasar, y si dijere mentira, muera por ello ahorcado en la horca que allí se muestra, sin remisión alguna." Sabida esta ley y la rigurosa condición della, pasaban muchos, y luego en lo que juraban se echaba de ver que decían verdad y los jueces los dejaban pasar libremente. Sucedió, pues, que tomando juramento a un hombre juró y dijo que para el juramento que hacía, que iba a morir en aquella horca que allí estaba, y no a otra cosa.

Entonces, ¿qué deben hacer en este caso los jueces? Si lo dejan pasar, irán contra la ley porque habrá mentido y podrá marcharse sin ser castigado, pero si lo cuelgan también irán contra la ley porque este hombre habría dicho la verdad. Estamos, como ya te habíamos anunciado, ante una paradoja lógica que no tiene solución.

Por cierto, Cervantes decide dejar pasar libremente al hombre porque asegura que, en caso de duda, es mejor ser benévolo.

67 / 100

MATEMÁTICAS EN *LOS SIMPSON*

Como debes de saber, *Los Simpson* es una serie de dibujos animados originaria de los Estados Unidos y creada por Matt Groening para la cadena Fox en la que se parodia el estilo de vida de la clase media. De la mano de una familia un poco especial formada por Homer y Marge (los padres) y tres hijos peculiares (Bart, Lisa y Maggie), se hace crítica constante a la cultura americana, su sociedad y muchos aspectos universales de la condición humana.

Aunque puede parecer extraño, algunos de los guionistas (J. Stewart Burns, David X. Cohen, Al Jean, Ken Keeler, George Meyer, Bill Odenkirk...) que han desarrollado los capítulos de la serie tienen conocimientos científicos y matemáticos, y esto queda bastante reflejado en muchos de los gags que aparecen en la serie. Veamos unos cuantos, además de la famosa frase de Bart: "Multiplícate por cero".

Temporada 2. Lisa, la hermana de Bart, lleva una cinta métrica y quiere ayudarlo a jugar al mini-golf diciéndole algo parecido a: "La base de este juego es simple geometría. Lo único que tienes que hacer es golpear la pelota... aquí". La pelota termina entrando en el agujero y Bart le contesta: "No me lo puedo creer. ¡Realmente acabas de encontrar un uso práctico a la geometría!"

En esta misma temporada, de nuevo Lisa (la única de la familia que tiene interés por la ciencia) explica a su hermana pequeña, Maggie (que todavía usa chupete), qué es un dodecaedro.

En otra escena podemos ver como un compañero de Bart le explica (incluso argumentándolo con una fórmula) que el potencial para hacer travesuras varía de forma inversamente proporcional a la proximidad a la que se está de la autoridad (los profesores, en este caso).

Temporada 3. Una de las salas de cine del pueblo en el que viven, Springfield, se llama Googolplex (lee, por favor, si todavía no lo has hecho, el capítulo "Google viene de googol").

Temporada 4. En este episodio, Apu, uno de los personajes de la serie, afirma que ha memorizado los 40.000 primeros dígitos del número pi y que el último de la lista es el número 1. Y, de hecho, si nos tomamos la molestia de buscarlo en cualquier página web que busque dígitos del número π, podremos comprobar que es exactamente así: ... 83765**1**1929...

Temporada 5. Emulando al hombre de paja de la obra *El mago de Oz*, Homer encuentra unas gafas en un lavabo y, al ponérselas, parece que se ha vuelto inteligente. Con estas gafas puestas es capaz de recitar el teorema de Pitágoras: "La suma de los cuadrados de los dos lados de un triángulo isósceles es igual al cuadrado del lado que queda." Al acabar de recitarlo, desde otro lavabo se oye: "¡Esto es en un triángulo rectángulo, idiota!"

Nota: en algunas traducciones los errores se han ampliado.

Temporada 7. En un determinado momento se ve a Homer Simpson rodeado de elementos matemáticos entre los cuales se encuentra un supuesto contraejemplo del teorema de Fermat (en el capítulo "El último teorema de Fermat: 300 años para ser demostrado" encontrarás más información): $1.782^{12} + 1.841^{12} = 1.922^{12}$. Si coges una calculadora científica ordinaria podrás comprobar que la igualdad se cumple, pero si utilizas un ordenador verás como a partir del décimo

Sello de correos dedicado a Los Simpson.

dígito los resultados dejan de ser iguales. Por lo tanto, podemos estar tranquilos, el teorema sigue siendo cierto.

En la misma temporada, Lisa pone 100 $ en el banco afirmando que ha conseguido un interés del 2,3% en lugar del 2,25%, que es el habitual, y dice que así, al cabo de un año, tendrá 5 céntimos más que los que tendría al 2,25% (puedes comprobar que realmente es así).

Temporada 11. En un momento en el que la escuela a la que acude Lisa han cambiado los profesores por vendedores de juguetes, el maestro "pilla" a Lisa haciendo matemáticas a escondidas. Al confirmarse la sospecha del profesor, éste la obliga a escribir un montón de veces en la pizarra: "No haré matemáticas en clase".

Todas las escenas descritas en este capítulo son una ínfima parte de las que aparecen en la serie. Si quieres seguir entreteniéndote y el inglés no te da miedo, te recomiendo la siguiente página web, de donde hemos extraído la mayoría de las situaciones descritas y donde aparecen muchas más:

http://homepage.smc.edu/nestler_andrew/SimpsonsMath.htm

68 / 100

CINE Y MATEMÁTICAS

Las matemáticas, como cualquier otra actividad humana, aparecen en las películas de forma directa o indirecta. Hay películas que, de paso, hablan de matemáticas (desgraciadamente, la mayoría de las veces no demasiado bien), pero hay otras completamente dedicadas a esta ciencia o a los propios matemáticos, personas que, muchas veces, dan para hacer más de una película.

Veamos unos cuantos ejemplos de películas con mucho contenido matemático:

El indomable Will Hunting. EEUU. 1997. Dirigida por Gus van Sant.

Will es un joven rebelde pero con una inteligencia matemática extraordinaria. Al descubrir esta habilidad, deberá decidir entre seguir con la vida de excesos que lleva hasta el momento o dedicarse a las matemáticas. Un solitario y bohemio psicólogo (magníficamente interpretado por el recordado Robin Williams) lo ayudará en esta complicada decisión.

Cube. Canadá. 1997. Dirigida por Vincenzo Natali. Un grupo de personas se encuentra, sin saber cómo ni por qué, dentro de un laberinto compuesto por habitaciones cúbicas interconectadas y algunas con trampas mortales. Una estudiante de matemáticas descubrirá una cierta relación entre los números de las puertas y los números primos, relación que los ayudará a avanzar.

La habitación de Fermat. España. 2007. Dirigida por Luis Piedrahita y Rodrigo Sopeña. Cuatro matemáticos que no se conocen se encuentran en una habitación que cada vez se va haciendo más pequeña. Solamente podrán salvarse si resuelven correctamente una serie de retos de ingenio y descubren qué relación hay entre ellos y por qué están ahí. Estos matemáticos solamente podrán ir a la reunión si antes contestan a una pregunta que les envían por correo. Es esta: "¿En qué orden están los siguientes números: 5-4-2-9-8-6-7-3-1?" ¿Podrías ir tú a la reunión?

Ágora. España. 2009. Alejandro Amenábar. Historia centrada en los siglos IV y V en Alejandría, donde se produce el ascenso, en algunos casos violento, del cristianismo. La gran matemática, filósofa y astrónoma Hipatia será una de las víctimas de este resurgimiento.

Donald en el país de las matemáticas. EEUU. 1959. Hamilton Luske. El conocido pato Donald visita el País de las Matemáticas y, poco a poco, descubrirá todos sus secretos: Pitágoras y la música, el rectángulo áureo, el número de oro, el pentágono regular en la naturaleza, las cónicas...

El código Da Vinci. EEUU. 2006. Ron Howard. Película basada en la novela que lleva el mismo título, en la que el profesor de simbología Robert Langdon tendrá que investigar la muerte del conservador del Louvre a partir de una extraña secuencia numérica que resultará ser la sucesión de Fibonacci.

Los crímenes de Oxford. España – Reino Unido – Francia. 2007. Álex de la Iglesia. Un joven estudiante de Oxford descubre el cadáver de la señora que lo acoge. Poco después, un profesor de lógica recibe una nota donde se explica que aquél es el primer asesinato de una serie. El estudiante y el profesor deberán estudiar el caso utilizando códigos matemáticos para encontrar el patrón que sigue el asesino y así poder desenmascararlo.

Una mente maravillosa. EEUU. 2001. Ron Howard. Biografía de John Forbes Nash, quien fue premio Nobel de Economía en 1994 y Abel en 2015, que convive con la esquizofrenia.

Dado que el espacio es reducido y las películas, afortunadamente, son muchas, te dejamos con unos cuantos títulos más: *Contact*, *Enigma*, *Moebius*, *Pi, fe en el caos*, *21 Blackjack*, *The Pelayos* y la serie *Numbers*.

Para acabar, solamente nos queda decir que los guionistas de *Futurama* tienen una formación matemática y científica que deja sus huellas en muchos de los capítulos.

69 / 100

UNA PARADA EN EL CAMINO: PROBLEMAS DE PENSAMIENTO LATERAL

El pensamiento lateral es un método de resolución creativa de problemas. El término fue usado por primera vez por Edward de Bono (escritor y psicólogo de Malta nacido en 1933) y con este método se pretende resolver problemas de una forma indirecta, haciendo uso de la creatividad y con métodos alejados de los habituales.

Para que puedas ver un poco en qué consiste, te proponemos que resuelvas cuatro problemas de pensamiento lateral, es decir, deberás pensar diferente para intentar resolverlos. Dado que alguno no es fácil, también te daremos pistas por si las necesitas.

a) María estaba a punto de desayunar. Ya tenía la taza de café preparada cuando las gafas se le cayeron dentro de la taza pero, curiosamente, no se le mojaron. ¿Sabrás descubrir cómo es posible?

b) Juan fue a comprar un loro a una tienda de animales. El propietario de la tienda le ofreció un loro que era muy joven y le explicó: "Este loro es tan bueno que es capaz de repetir inmediatamente todo aquello que oye." Juan, emocionado por la compra que estaba a punto de realizar, lo compró sin dudarlo un momento y se lo llevó a casa para empezar a enseñarle a decir palabras nuevas. Pero al cabo de una semana volvió a la tienda con la intención de devolverlo, porque no era capaz de repetir nada de lo que le decía. El vendedor se negó a devolverle el dinero aduciendo que en ningún momento le había engañado. ¿Sabrás descubrir qué está pasando con el loro de Juan?

c) Dos mineros salen de la mina después de una dura jornada de trabajo. Uno de los dos lleva la cara limpia, mientras que el otro la lleva completamente negra. Curiosamente, el que lleva la cara limpia se la lava, mientras que el que la lleva completamente negra no. ¿Sabrás descubrir por qué tienen esta extraña reacción los dos mineros?

d) Un supuesto adivino asegura que es capaz de adivinar el resultado de un partido de fútbol justo antes de empezar. ¿Sabrías explicar cómo puede ser que no nos esté mintiendo?

Como ya te hemos dicho, busca soluciones lógicas pero diferentes de las habituales.

Si no sabes cómo enfrentarte a los problemas, aquí tienes algunas pistas:

a) No hagas suposiciones que no aparezcan en el enunciado.

b) El loro tenía alguna anomalía física que permitía que lo que decía el propietario de la tienda no fuera mentira, pero a la vez hacía que el loro no pudiera repetir nada de lo que le decían.

c) Imagina qué piensa cada uno de los mineros cuando ve la cara de su compañero.

d) El adivino no miente, de hecho, tú también eres capaz de acertar el resultado de un partido de fútbol antes de que empiece.

Soluciones:

a) La taza de María todavía estaba vacía. Cuando se le cayeron las gafas dentro de la taza todavía no había puesto el café en ella.

b) El loro era sordo. Por lo tanto, era verdad que era capaz de repetir todo lo que oía: nada.

c) El minero que lleva la cara limpia ve la de su compañero completamente sucia y deduce que la suya debe de estar igual, por lo que se la limpia. El otro minero hace justamente lo contrario.

d) Como te indicábamos en la pista, todo el mundo es capaz de acertar el resultado de un partido de fútbol antes de que empiece: 0-0.

VIII. APLICACIONES DE LAS MATEMÁTICAS

70 / 100

¿CUÁNTOS COLORES NECESITAMOS PARA PINTAR UN MAPA? EL TEOREMA DE LOS CUATRO COLORES.

Empezaremos experimentando un poco, ya que es la mejor manera de obtener grandes resultados. Supongamos que existen dos países situados como puedes ver en la primera figura. En este caso, si queremos pintarlos de forma que dos regiones que comparten frontera no estén pintadas del mismo color, deberemos utilizar dos colores, el blanco y el gris, por ejemplo. Pero si queremos pintar el mapa que aparece en la figura 2, en el que ya aparecen tres países, necesitaremos un color más. Y para pintar el mapa de la figura 3 necesitaremos tener cuatro colores disponibles.

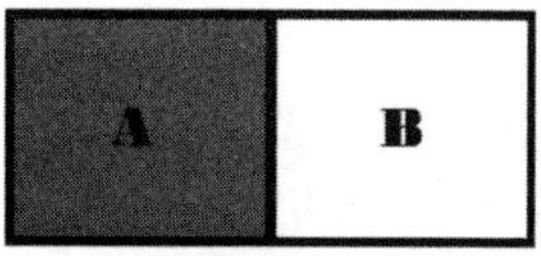

Figura 1

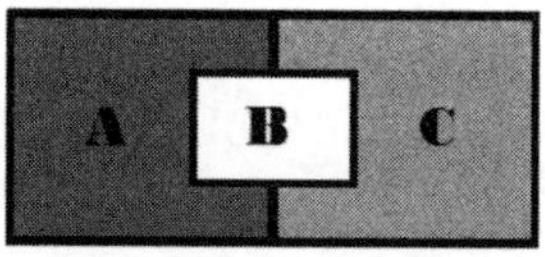

Figura 2

Figura 3

A continuación nos podemos preguntar si existirá algún mapa en el que sean necesarios más de cuatro colores para poder pintarlo sin que ningún par de países con frontera común estén pintados del mismo color.

La respuesta es negativa, es decir, sea cual sea el número de países y sea cual sea su forma y distribución, cuatro colores siempre serán suficientes para conseguir que no haya ningún par de países que compartan frontera y estén pintados del mismo color.

Esta afirmación se conoce como *teorema de los cuatro colores*, un teorema que tiene mucha historia y que ha sido demostrado hace relativamente poco tiempo.

Para ser exactos, dicho teorema afirma lo siguiente: "Dado cualquier mapa geográfico con regiones continuas, éste puede ser coloreado con cuatro colores diferentes, de forma que no queden regiones adyacentes (es decir, regiones que compartan un segmento de borde común) con el mismo color".

La historia del teorema empieza en 1852, cuando Francis Guthrie se lo plantea a su hermano Frederick y éste a August de Morgan. En 1878 Arthur Cayley lo enuncia en forma de conjetura (principio no demostrado). Un año después, Sir Alfred Bray Kemple publica una demostración del teorema, pero en 1890, once años después, Percy Heawood descubre un error en la demostración y el resultado vuelve a pasar de teorema a conjetura. Finalmente, después de algunos avances, en 1976 Kenneth Appel y Wolfgang Haken demuestran el teorema con ayuda de un ordenador que tuvieron trabajando durante muchas horas.

Este teorema fue el primero en ser demostrado de forma que ninguna persona podía leerse toda la demostración, ya que la cantidad de casos diferentes que pueden presentarse solamente pueden ser analizados por una máquina. El hecho de basarse en la informática para hacer una demostración trajo polémica, porque algunos matemáticos la aceptaban pero otros no. Alguno de los matemáticos que no la aceptó llegó a decir que una demostración es como un poema, mientras que aquella era como una guía telefónica. Otros decían que así no se aprendía nada, porque no quedaba claro por qué no eran necesarios cinco o trece colores, por ejemplo.

Aunque actualmente ya se ha conseguido demostrar sin necesidad de utilizar el ordenador (con una demostración complicada y larga), esta primera demostración sirvió para discutir acerca de qué era una demostración y qué papel podía jugar la informática en la demostración de nuevos resultados que a mano no podían ser demostrados.

Nota: para acabar, debemos añadir que el resultado expuesto solamente es válido para mapas pintados en el plano, porque si dibujáramos un mapa sobre un toro (figura geométrica tridimensional muy parecida a un *donut*) serían necesarios un total de siete colores.

71 / 100

EL MÉTODO D'HONDT Y OTRAS FORMAS DE REPARTIR ESCAÑOS

Cada vez que hay elecciones y se tiene que decidir cuántos representantes tocan a cada partido surge un problema importante. Es evidente que se deberán repartir de forma proporcional al número de votos obtenidos, pero hacerlo directamente es imposible porque prácticamente en todos los casos a cada partido deberían tocarle unos cuantos representantes y parte de otro. Basta pensar cómo podemos repartir 5 representantes entre dos partidos que han obtenido 1.000 y 2.000 votos, por ejemplo. Este problema se ha ido solucionando utilizando diferentes métodos de reparto, pero antes de verlos debemos decir que Balinski y Young en 1982 ya demostraron que no existe ningún método que sea perfectamente justo, es decir, en cualquier reparto siempre habrá algún partido perjudicado.

En España se utiliza el método D'Hondt. Este método fue creado por Víctor d'Hondt y, a parte de en España, también se utiliza en otros sitios, como Austria, Bélgica, Finlandia, Francia, Grecia, Argentina, Colombia, Ecuador, Israel, Japón...

Dicho método consiste en ir dividiendo el número de votos que ha obtenido cada partido por 1, 2, 3... Una vez hechas estas divisiones, se cogen los mayores resultados obtenidos hasta tener el total de escaños repartidos. Veámoslo mejor con un ejemplo, los resultados de las elecciones de Cataluña de 2012 en la circunscripción de Tarragona. Antes de empezar a analizar estos resultados, debemos añadir que en Cataluña si un partido no llega al 3% de los votos no se tiene en cuenta en el reparto.

En la siguiente tabla aparecen los resultados de los partidos que obtuvieron más votos (es decir, no están todos porqué a partir de SI ya no participan en el reparto por no llegar al 3% mencionado anteriormente).

Partido	*Número de votos*	%	*Diputados*
CiU	113.657	31,73%	7
ERC – Cat Sí	54.093	15,10%	3
PP	53.591	14,96%	3
PSC	48.642	13,58%	3
C's	26.039	7,27%	1
ICV-EUiA	24.538	6,85%	1
CUP	12.840	3,58%	0
SI	5.493	1,53%	0

Aplicando el método D'Hondt, vemos de dónde han salido los diputados que aparecen en la tabla anterior:

	CiU	ERC – Cat Sí	PP	PSC	C's	ICV-EUiA	CUP
Entre 1	**113.657,00**	**54.093,00**	**53.591,00**	**48.642,00**	**26.039,00**	**24.538,00**	12.840,00
Entre 2	**56.828,50**	**27.046,50**	**26.795,50**	**24.321,00**	13.019,50	12.269,00	6.420,00
Entre 3	**37.885,67**	**18.031,00**	**17.863,67**	**16.214,00**	8.679,67	8.179,33	4.280,00
Entre 4	**28.414,25**	13.523,25	13.397,75	12.160,50	6.509,75	6.134,50	3.210,00
Entre 5	**22.731,40**	10.818,60	10.718,20	9.728,40	5.207,80	4.907,60	2.568,00
Entre 6	**18.942,83**	9.015,50	8.931,83	8.107,00	4.339,83	4.089,67	2.140,00
Entre 7	**16.236,71**	7.727,57	7.655,86	6.948,86	3.719,86	3.505,43	1.834,29
Entre 8	14.207,13	6.761,63	6.698,88	6.080,25	3.254,88	3.067,25	1.605,00

Como se puede ver, en la segunda fila aparecen los votos obtenidos por cada partido. En la tercera aparecen los mismos votos pero divididos entre 2. En la cuarta fila aparecen divididos entre 3 y así sucesivamente hasta llegar a la última fila, donde aparece el número de votos obtenidos por cada partido dividido entre 8. Una vez hechas las divisiones, se escogen los 18 números mayores que aparecen en toda la tabla y a cada uno de estos números le corresponde un representante (en negrita en la tabla anterior).

Para acabar, debemos añadir que el método D'Hondt no es el único que existe para hacer el reparto. Otro método es el de Saint Lagué, que en lugar de ir dividiendo por 1, 2, 3, etc. va dividiendo por los primeros números impares: 1, 3, 5...

Este método se utiliza en algunos países europeos como, por ejemplo, Alemania. Además de estos dos, existen otros métodos, pero ya no son tan utilizados (método de Saint Lagué modificado, cociente de Hare, cociente de Droop, cociente Imperiali...).

Entre todos estos métodos, el método D'Hondt es el que más beneficia a los partidos mayoritarios, mientras que el método de Saint Lagué facilita la pluralidad.

72 / 100

EL DNI Y LOS DÍGITOS CORRECTORES

Seamos conscientes de ello o no, estamos rodeados de números y nuestra vida está estructurada, entre muchas otras cosas, en base a un sistema de numeración y, en general, al uso de números y códigos. Sin ir más lejos, un número (el DNI) nos identifica de forma única como ciudadanos españoles, todos los productos que compramos tienen un código de barras y hay otro especial para los libros.

A continuación veremos un poco más de cerca el DNI.

En 1944, por decreto, nació el DNI (Documento Nacional de Identidad) después de muchos otros tipos de identificación (cédulas de composición de los marineros que iban a hacer las Américas, el padrón pedido por Fernando VII a la policía...). Actualmente, nuestro DNI consta de 8 dígitos más otro número de control. Y es de este número de control del que queremos hablar un poco. De hecho, aparece como una letra.

Para empezar, debemos explicar que esta letra no es aleatoria, ya que está directamente relacionada con el número de la forma siguiente: *a*) Se divide el número entre 23 y a cada resto le corresponde una letra según la tabla siguiente:

Resto	0	1	2	3	4	5	6	7	8	9
Letra	T	R	W	A	G	M	Y	F	P	D
Resto	10	11	12	13	14	15	16	17	18	19
Letra	X	B	N	J	Z	S	Q	V	H	L
Resto	20	21	22	23						
Letra	C	K	E							

Por ejemplo, veamos qué letra le correspondería al número 12.345.678. Al dividir este número entre 23 obtenemos 536.768 de cociente y 14 de resto. Si miramos la tabla, podemos ver que la letra que le corresponderá a este número es la Z.

Como habrás visto, no se utilizan las letras I, O y U porque son fáciles de confundir con los números 0 y 1, ni la Ñ, porque podría confundirse con la letra N.

A dicha letra se la llama *dígito de control* porque sirve para controlar si, en la transmisión informática, por ejemplo, se ha producido algún error. Si el dígito de control no coincide con el adecuado según la tabla, es evidente que ha habido un error en la transmisión. Pero, lo que todavía es mejor, muchos de estos errores se pueden corregir. Por ejemplo, si uno de los dígitos no llega correctamente puede ser recuperado a partir del dígito de control (hecho totalmente imposible si no existiese).

Para terminar, debemos decir que muchos otros códigos utilizan estos tipos de dígitos de control, por ejemplo, el ISBN de los libros, los códigos de barras, el NIE (variante del DNI para extranjeros residentes en España), el CIF (Código de Identificación Fiscal), el IBAN (para cuentas bancarias), las tarjetas de crédito, el sistema de numeración de los billetes de euro...

Así pues, los números nos vuelven a hacer la vida un poco más fácil y práctica.

73 / 100

EL ÍNDICE DE MASA CORPORAL

En general, la sociedad actual está demasiado preocupada por la apariencia exterior aunque sabemos, pero lo demostramos poco, que la interior es la que verdaderamente aguantará los envites del paso del tiempo.

También es cierto que debemos cuidarnos y que mantener una vida saludable es del todo aconsejable. Para controlar un poco todo esto, existe una fórmula muy general que determina si nuestra masa corporal es o no la adecuada. Es la siguiente:

$$IMC = \frac{Peso\ (kg)}{\left[Altura\ (m) \right]^2}$$

Esta fórmula se llama *índice de masa corporal* o *índice de Quetelet*, ya que fue inventada entre 1830 y 1850 por Adolphe Quetelet. Como ya te hemos comentado, es muy general porque no diferencia si el peso es debido a músculo o a grasa, pero, al menos, nos da una pequeña orientación.

Por ejemplo, el que escribe estas líneas pesa unos 72 kg y mide 182 cm, por lo tanto, su IMC se calcula, utilizando la fórmula, de la siguiente forma:

$$IMC = \frac{72}{1,82^2} = \frac{72}{3,3124} = \boxed{21,74}$$

Para saber si, en términos generales, nuestro peso es correcto, existen tablas que, en función del IMC, nos lo indican. La siguiente tabla es la que da la OMS (Organización Mundial de la Salud):

Clasificación	*IMC (kg/m²)*
Infrapeso	**<18,5**
Delgadez severa	<16
Delgadez moderada	16,00-16,99
Delgadez aceptable	17-18,49
Normal	**18,5-24,99**
Sobrepeso	**≥25**
Preobeso	25-29,99
Obeso	**≥30**
Obeso tipo I	30,00-34,99
Obeso tipo II	35,00-39,99
Obeso tipo III	≥40

Por lo tanto, este autor tiene, en términos generales, un peso que se puede clasificar de normal.

Como ya hemos dicho, este índice es muy general y para obtener datos más exactos se utilizan otros parámetros, como medir el perímetro de la muñeca, la anchura del codo, la circunferencia de la cintura o el cociente entre la circunferencia de la cintura y la de la cadera.

74 / 100

LAS MEDIDAS DE LA TEMPERATURA Y SUS EQUIVALENCIAS

Antes de empezar, intentaremos definir el concepto de *temperatura* para centrar ideas. Podemos decir que la temperatura es la magnitud común a dos cuerpos que se encuentran en equilibrio térmico (principio cero de la termodinámica). Pero una definición un poco más entendible nos dice que la temperatura de un cuerpo es una medida de la energía cinética media de las partículas que lo forman, es decir, del movimiento que tienen sus partículas. También sabemos que los aparatos que nos sirven para medir la temperatura son los termómetros, pero existen tres escalas para expresarla: la escala Celsius (°C), la escala Fahrenheit (°F) y la escala Kelvin o absoluta. Veámoslas.

La escala Celsius o centígrada fue definida por Anders Celsius en el año 1742 y cogió como referencia la congelación del agua (a la que puso 100 °C) y la ebullición del agua (a la que puso 0 °C), dividiendo en 100 partes la distancia entre estas dos temperaturas. Y no, no nos hemos equivocado, al principio los dos números estaban al revés de como Linneo los dejó definitivamente.

La escala Fahrenheit fue propuesta por Daniel Gabriel Fahrenheit en 1724 y establece la temperatura de congelación del agua a los 32 °F y la temperatura de ebullición a los 212 °F. No se sabe exactamente cómo llegó a esta escala. Algunos dicen que estableció como 0 °F la temperatura más baja que pudo medir al aire libre y como 100 °F la de su propio cuerpo (aunque es un poco alta). Otras historias hablan de mezclas de hielo, sal y agua... Al final, lo cierto es lo que hemos dicho, a los 0 °C les corresponden 32 °F y a los 100 °C les corresponden 212 °F.

La escala Kelvin o absoluta fue creada en 1848 por William Thomson, Lord Kelvin, y toma como referencia la escala Celsius pero coloca el 0 K en el cero absoluto (la temperatura más baja posible, situada en –273,15 °C). Por lo tanto, al 0 °C le corresponden 273,15 K y a los 100 °C le corresponden 373,15 K.

Para terminar, te presentamos las fórmulas de conversión para pasar sin problemas de una escala a otra:

De Celsius a Kelvin: K = °C + 273,15°
De Celsius a Fahrenheit: °F = 1,8·°C + 32°
De Kelvin a Celsius: °C = K – 273,15°
De Kelvin a Fahrenheit: °F = 1,8·(K – 273,15) + 32 = 1,8 K – 459,67
De Fahrenheit a Celsius: °C = (°F – 32):1,8
De Fahrenheit a Kelvin: K = (°F – 32):1,8 + 273,15°

Por ejemplo, veamos a cuánto equivalen 20 °C en la escala Fahrenheit y Kelvin:

20 °C = (20 + 273,15) K = 293,15 K
20 °C = (1,8·20 + 32) °F = 68 °F

La novela *Fahrenheit 451*, de la que después se hizo una película, toma su nombre de la temperatura a la que se quema el papel. Si queremos saber a cuántos °C quema el papel no tenemos más que hacer un pequeño cálculo: 451 °F = [(451 – 32):1,8] °C = 232,78 °C. Por lo tanto, además de haber aprendido a qué temperatura quema el papel, ya sabemos un poco más acerca de las tres escalas que se utilizan para dar las temperaturas y de las fórmulas que nos permiten pasar de una a otra.

75 / 100

EL CALENDARIO PERPETUO

El hombre llegó a la Luna el día 21 de julio de 1969 pero, ¿qué día de la semana fue? ¿Es necesario conservar un calendario de aquel año para saber el día de la semana en que cayó tan importante acontecimiento? ¿A la fuerza tenemos que coger nuestro móvil para saberlo?

La respuesta es que existen muchos algoritmos (listas de instrucciones como puede ser una receta de cocina) que nos permiten calcularlo. En este capítulo veremos el algoritmo de Zeller (matemático alemán que vivió durante el siglo XIX). Cuando veas la fórmula, no te preocupes demasiado, la aplicaremos y veremos que no es tan complicada como parece. La siguiente es útil para el calendario gregoriano (a partir del 1582 d. C.).

$$h = \left(q + \left\lfloor \frac{13(m+1)}{5} \right\rfloor + K + \left\lfloor \frac{K}{4} \right\rfloor + \left\lfloor \frac{J}{4} \right\rfloor - 2J \right) \bmod 7$$

h es el día de la semana (si obtenemos 0, es sábado; 1, domingo, y así hasta llegar a 6, que es viernes); q es el día del mes que buscamos; m es el mes que buscamos (m = 3 para marzo, m = 4 para abril, m = 12 para diciembre, m = 13 para enero y m = 14 para febrero); K son las dos últimas cifras del año (en el caso de 1990 sería 90 y para 1843 sería 43); J son las dos primeras cifras del año (en 1990 sería 19 y en 1843 sería 18). El signo $\lfloor \alpha \rfloor$ indica que tenemos que coger el número sin la parte decimal y sin redondear, por ejemplo: $\lfloor 12{,}83 \rfloor = 12$. Al obtener la suma que hay dentro del paréntesis, solamente tenemos que dividir entre 7 y quedarnos con el resto (este es el significado de mod 7) para obtener el valor de h.

Veamos cómo funciona calculando el día de la semana en el que los americanos llegaron a la Luna (21 de julio de 1969):

q	m	K	J	$\left\lfloor \frac{13(m+1)}{5} \right\rfloor$	$\left\lfloor \frac{K}{4} \right\rfloor$	$\left\lfloor \frac{J}{4} \right\rfloor$	$q+\left\lfloor \frac{13(m+1)}{5} \right\rfloor+K+\left\lfloor \frac{K}{4} \right\rfloor+\left\lfloor \frac{J}{4} \right\rfloor-2J$
21	7	69	19	20	17	4	21+20+69+17+4-2·19=93

Si a continuación dividimos 93 entre 7 obtenemos 13 de cociente y 2 de resto. Por lo tanto, el valor de h, como ya te hemos explicado, será 2 (y recordando que h = 0 indica que es sábado; h = 1, domingo, y h = 2, lunes): hemos descubierto que el hombre llegó a la Luna un lunes.

Si quieres, puedes comprobar que has entendido el funcionamiento del algoritmo calculando el día de la semana en el que naciste.

Para acabar, debemos recordar que si quieres hacer lo mismo con un año del calendario juliano (anterior al 1582 d. C.) existe una fórmula parecida.

76 / 100

¿CÓMO SE PUEDE CALCULAR EL DÍA DEL AÑO EN QUE CAERÁ EL DOMINGO DE PASCUA?

Los días en que caerán las vacaciones de Semana Santa no son cada año los mismos y para saber cuándo podremos irnos a hacer aquel pequeño descanso que nos permitirá cargar las pilas hasta las vacaciones de verano no nos queda más remedio que consultar el calendario. El hecho de que sean las únicas vacaciones que no son fijas no nos supone ninguna complicación y pocas personas se preguntan el porqué de este hecho. Muchos vivimos tan concentrados en lo que nos pasa día a día que dejamos de hacernos preguntas tan obvias como esta. Pues bien, intentaremos darte la respuesta al porqué y al cómo. Por qué no están fijadas y cómo podemos calcular en qué día caerán.

Hacia el año 525, Dionisio el Exiguo (monje y matemático) determinó dos condiciones que debía cumplir el domingo de la Pascua cristiana:

a) Debía caer en domingo.

b) Tenía que ser el domingo siguiente a la primera luna llena de primavera (y si esta luna llena ya caía en domingo se trasladaría al siguiente domingo para no coincidir con la Pascua judía).

Cumpliendo estas condiciones, el domingo de Pascua solamente puede caer entre los días 22 de marzo y 25 de abril.

Por lo tanto, ahora ya conocemos por qué la fecha es móvil. Pero seguramente te estarás preguntando qué tiene esto que ver con las matemáticas. Pues bien, las matemáticas entran en juego en el momento en que se quiere calcular exactamente la fecha en que caerá dicho domingo de Pascua de cualquier año. Si lo podemos calcular, podremos planificar nuestras vacaciones de 2021, por ejemplo.

De hecho, existen muchos algoritmos (lista finita de pasos que nos llevan al resultado buscado) para calcular lo que nos proponemos.

Aquí veremos el algoritmo de Butcher. Lo expondremos en la siguiente tabla, a la vez que calculamos en qué día caerá el domingo de Pascua del año 2021 (y así podrás ir planificando tus futuras vacaciones a la vez que vas ahorrando):

		Cociente	*Resto*	*Letra*
Dividir el año entre 19 y quedarnos sólo con el resto, al que llamaremos A.	2021:19	106	7	A = 7
Dividir el año entre 100 y quedarnos con el cociente (B) y con el resto (C).	2021:100	20	21	B = 20; C = 21
Dividir B entre 4 y quedarnos con el cociente (D) y el resto (E).	B:4 = 20:4	5	0	D = 5; E = 0
Dividir (B + 8) entre 25 y quedarnos solamente con el cociente (F).	(B + 8):25 = (20 + 8):25	1	3	F = 1
Dividir (B – F + 1) entre 3 y quedarnos solamente con el cociente (G).	(B – F + 1):3 = (20 – 1 + 1):3	6	2	G = 6
Dividir (19·A + B – D – G + 15) entre 30 y quedarnos solamente con el resto (H).	(19A + B – D – G + 15):30 = (19·7 + 20 – 5 – 6 + 15):30	5	7	H = 7
Dividir C entre 4 y quedarnos con el cociente (I) y el resto (K).	C:4 = 21:4	5	1	I = 5; K = 1
Dividir (32 + 2·E + 2·I – H – K) entre 7 y quedarnos sólo con el resto (L).	(32 + 2·E + 2·I – H – K):7 = (32 + 2·0 + 2·5 – 7 – 1):7	4	6	L = 6

Dividir (A + 11·H + 22·L) entre 451 y quedarnos solamente con el cociente (M).	(A + 11·H + 22·L):451 = (7 + 11·7 + 22·6):451	0	216	M = 0
Calcular H + L – 7·M + 114 para obtener N.	H + L – 7·M + 14 = 7 + 6 – 7·0 + 114 = 127			N = 127
Encontrar el resto de N:31, que será el **mes**.	N:31 = 127:31	4	3	**Caerá en el mes 4, es decir, en abril.**
Encontrar el resto de (N + 1) entre 31, que será el **día**.	(N + 1):31 = 127:31	4	4	**Será el día 4 de abril.**

Es evidente que hacer estos cálculos a mano es un poco pesado, pero precisamente para tareas como éstas los informáticos han inventado aplicaciones (basadas en algoritmos, el tema del siguiente capítulo) en las que es suficiente introducir el año para obtener como resultado un día y un mes.

También entiendo que después de estos cálculos decidas seguir como siempre, mirando el calendario cuando tengas que planificar tus vacaciones.

77 / 100

ALGORITMOS: LA BASE DE LA INFORMÁTICA

Un algoritmo (palabra que proviene de *algorithmus*, que a su vez se originó a partir del nombre del matemático Al Juarismi, que vivió durante el siglo IX) es un conjunto de instrucciones o reglas bien definidas, ordenadas y finitas que permiten ejecutar una tarea o resolver un problema.

En la vida cotidiana se utilizan multitud de algoritmos, como pueden ser: el conjunto de operaciones necesarias para poner una lavadora, las partituras musicales que nos explican cómo se debe ejecutar una obra, las instrucciones para hacer un truco de magia o los pasos a seguir para hacer un buen pastel de chocolate.

En informática, el uso y el desarrollo de los algoritmos es básico porque todos los lenguajes de programación se basan en ellos y, por extensión, toda la informática.

A pesar de la importancia que tiene en informática, el uso de algoritmos se inició mucho antes de la existencia de la informática. De hecho, matemáticos de la talla de Hilbert o Gödel ya los trataron.

La gran ventaja que tiene el uso de los algoritmos está en que resuelven problemas generales y no concretos. Así, se pueden utilizar cada vez que sea necesario resolver un determinado tipo de problema y no un problema específico.

No todos los algoritmos son útiles en su implementación informática, ya que, al hacerse necesaria la repetición de algunas operaciones, si el algoritmo es correcto pero necesita demasiado tiempo o memoria de la máquina puede llegar a hacerse impracticable.

Existen muchos tipos de algoritmos según su implementación (recursivos, en serie, en paralelo...) y según su estrategia de resolución (divide y vencerás, programación dinámica, el método voraz...).

Algunos ejemplos de algoritmos famosos son: el método del Símplex, el algoritmo QR, el Quicksort (para ordenar listas), el algoritmo de Euclides (para encontrar el mcd de dos números), la criba de Eratóstenes (para encontrar la lista de los primeros números primos), el método de Newton para encontrar soluciones de ecuaciones, los algoritmos que nos enseñan de pequeños para sumar, restar, multiplicar o dividir…

También es común confundir la palabra *algoritmo* con *logaritmo* o *guarismo*, aunque no hay ninguna relación entre ellos.

A continuación tienes dos ejemplos. El primero sirve para buscar el máximo de un conjunto de números naturales. En palabras, lo que hace es asignar el valor máximo al número cero y recorre todo el conjunto de números. Cada vez que encuentra un número mayor que el máximo que ha encontrado hasta el momento, cambia este máximo por el número que ha encontrado y continúa con el recorrido de la tabla.

El segundo, que nos puede salvar la vida, viene expresado en forma de diagrama de flujo, lo cual facilita la comprensión de los pasos a ejecutar.

```
función max(T) (donde T es un conjunto no vacío de números naturales)
N = #(T) (donde # es el número de elementos de la tabla)
max: = 0
para i = 1 hasta N hacer
si ni > max entonces
max: = ni
final si
final para
Devolver max
```

Ejemplo 1: busca el máximo entre un conjunto de números naturales.

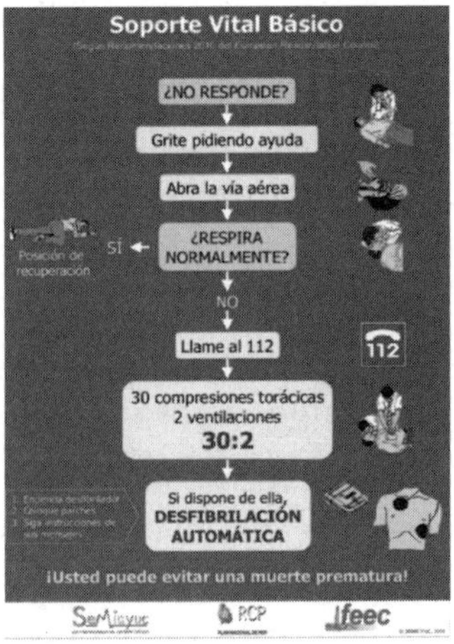

Ejemplo 2: algoritmo de soporte vital básico.

78 / 100

PAGERANK, EL ALGORITMO DE GOOGLE

En 1995 Larry Page y Sergey Brin se conocieron en la Universidad de Stanford y allí comenzó la historia de Google, una de las empresas que más ha revolucionado el mundo de Internet y de la informática. Un año después de conocerse, crearon un motor de búsqueda al que inicialmente llamaron BackRub y que utilizaba los enlaces para determinar la importancia de las páginas web.

Finalmente, en 1998 fundaron Google Inc. (en el capítulo titulado "Google viene de googol" encontrarás más información) y obtuvieron un éxito abrumador que todavía dura. Pero, como muchas otras cosas, todo el mundo sabe usar el buscador pero poca gente sabe que en su base se encuentra un algoritmo matemático. En este caso las matemáticas, el ingenio y las ganas de mejorar han llevado a dos jóvenes que no llegaban a los 30 años a hacerse ricos desarrollando una idea.

Veamos un poco en qué consiste este algoritmo.

En la base del buscador está un algoritmo de búsqueda llamado PageRank. Este algoritmo fue desarrollado por uno de los fundadores de Google, Larry Page (al cual debe su nombre). Hasta ese momento, la importancia de las páginas venía determinada por la cantidad de palabras clave que contenían, pero así era muy fácil de manipular (bastaba con repetir muchas veces un conjunto de palabras clave para que una página en concreto mejorara su posición).

La concepción de PageRank fue totalmente nueva porque pasó a dar importancia a las páginas en función de los enlaces que apuntan a aquella página. Es como si cada página recibiese votos de las demás páginas al ser enlazada por ellas. El sistema está muy bien pensado porque, cuantos más enlaces (citas en el mundo de los artículos) reciba una página, se puede suponer que es más importante, interesante o útil. Y a la vez, si una página se considera importante, los enlaces que proponga también podrá suponerse que serán de calidad.

La clasificación de PageRank no es el único factor que hace que una página esté en las primeras posiciones al ser buscada en Google, pero en caso de empate sí puede ser un factor decisivo.

A pesar de todo y, como sabemos, hecha la ley, hecha la trampa, ya ha habido y habrá intentos de manipular esta clasificación de forma que compañías con suficiente dinero pueden llegar a colocar sus páginas en posiciones avanzadas.

También nos gustaría añadir que PageRank mide la importancia de las páginas utilizando una escala que va del 1 al 10 y que puntúa páginas individuales. Si tienes una página web y quieres conocer su valor, lo puedes hacer instalando la barra de herramientas de Google, por ejemplo. En el momento de escribir este libro, la página de mi instituto tiene un PageRank de 3, mientras que la del diario *El País* lo tiene de 8. Curiosamente, el PageRank de Google es de 9, mientras que el de Twitter es de 10.

Para acabar, te dejamos con la fórmula que, en su base, utiliza el algoritmo para puntuar las páginas web:

$$PR(A) = 1 - d + d\sum_{i=1}^{n} \frac{PR(i)}{C(i)}$$

Donde: PR(A) es el PageRank de la página A; d es un factor de amortiguación que toma un valor entre 0 y 1 (que, según algunos expertos, suele ser del 0,85 y se corresponde con la probabilidad de que un usuario vaya siguiendo los enlaces); PR(i) son los valores de PageRank que tienen las páginas que enlazan a la página A, y C(i) es el número total de enlaces que salen de la página i (en total, no solamente hacia A).

Los que, desde los inicios de Internet, hemos convivido con muchos buscadores agradecemos profundamente a las matemáticas y, en concreto, a los creadores de Google este algoritmo, ya que bien utilizado facilita muchísimo el trabajo de encontrar las páginas buscadas.

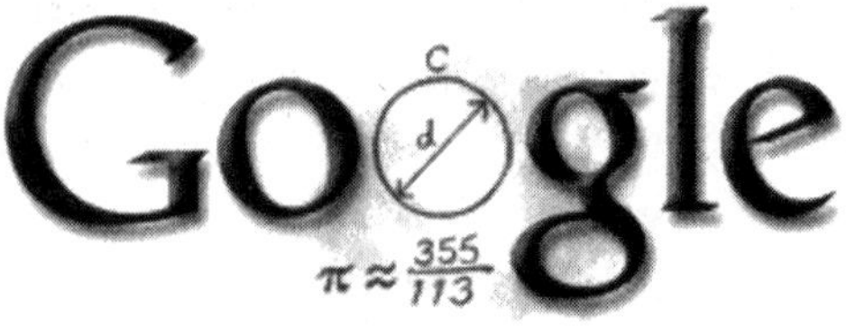

79 / 100

LA CINTA DE MÖBIUS Y SUS APLICACIONES

La cinta o banda de Möbius es una superficie con un único borde, una única cara y no orientable. Fue descubierta independientemente en 1858 por August Ferdinand Möbius (1790-1868) y Johann Benedict Listing (1808-1882).

La forma de construir una cinta de este tipo es muy sencilla. Basta con coger una tira de papel suficientemente larga y pegar sus dos extremos, teniendo antes la precaución de dar media vuelta a uno de los dos extremos. Es decir, si pegamos los dos extremos de la cinta sin girar ninguno de los dos obtenemos un cilindro, mientras que si damos media vuelta a uno de los dos extremos obtenemos una cinta de Möbius (figuras 1 y 2).

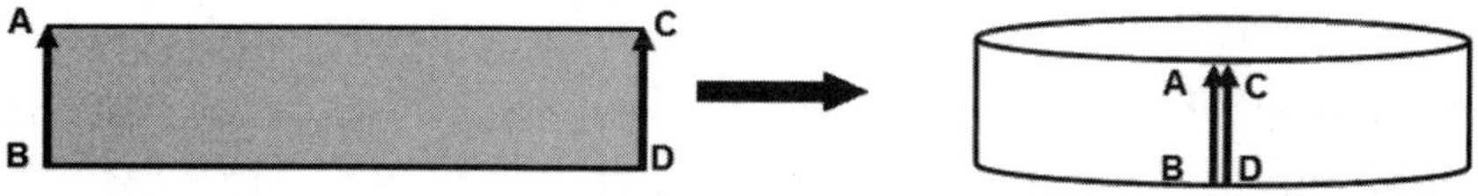

Figura 1.

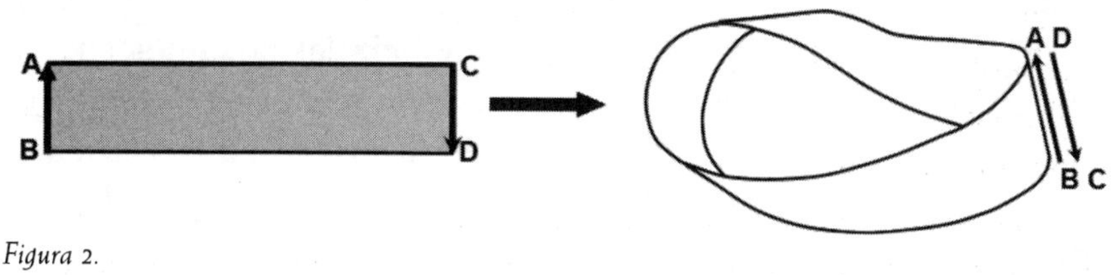

Figura 2.

Aunque pueda parecer un simple juego matemático, esta cinta tiene muchas utilidades prácticas, además de estéticas. Veamos unas cuantas.

En 1923, Lee De Forest obtuvo la patente norteamericana para fabricar una película de Möbius, de forma que podía grabar por las dos caras de la cinta y obtener exactamente el doble de capacidad de grabación. La misma idea sirvió para diseñar correas de transmisión y cintas de tinta para máquinas de escribir.

En el caso de las cintas transportadoras, el hecho de colocar cintas de Möbius en lugar de cintas normales permite que se desgasten por igual por todos los puntos de la superficie (observa la figura 3, obtenida de una patente pública).

En el campo de la electrónica, se utiliza una resistencia de Möbius, que tiene inductancia nula.

De la misma forma, se han construido vías de tren como elemento decorativo en las cuales el tren va dando vueltas sin fin por la cara infinita de la cinta (figura 4).

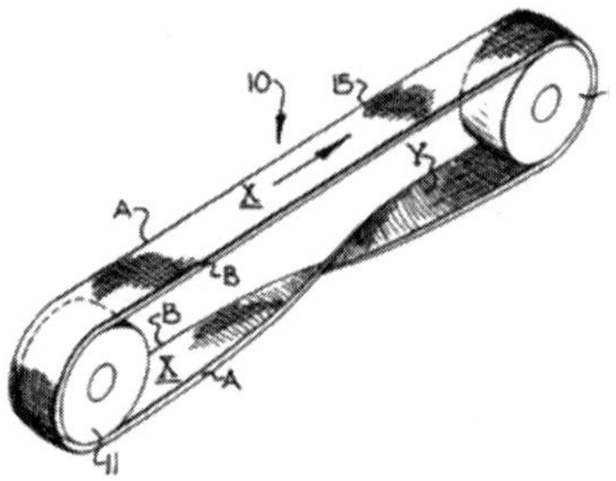

Figura 3.

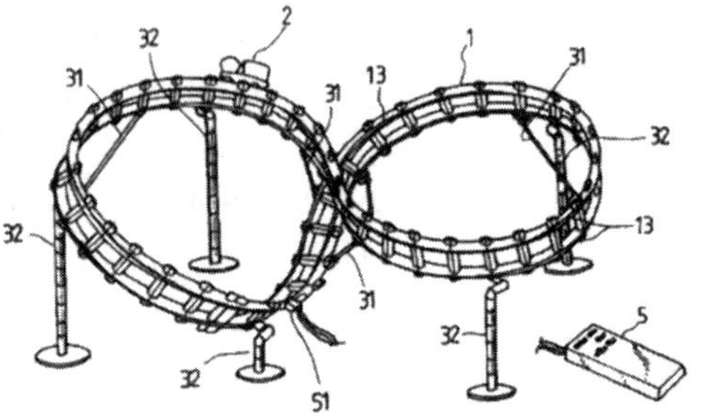

Figura 4.

En el laboratorio también se ha conseguido sintetizar moléculas en forma de cintas de Möbius, que, por lo tanto, presentan las mismas propiedades que esta curiosa cinta.

La arquitectura también se ha visto atraída por esta idea. Ejemplo de ello son el puente de Möbius en Bristol, el Lansdowne Road Stadium en Dublín…

Finalmente, debemos destacar que también las podemos encontrar en el diseño de objetos (piezas de joyería, calzado, mesas, esculturas…), en la música, en el cine, en la magia, en la literatura, en tiras cómicas, en logotipos (Caixanova, reciclaje), en sellos, en publicidad…

caixanova

80 / 100

UNA PARADA EN EL CAMINO: TRES HERMANAS Y UN PIANO

Muchas veces se relaciona el siguiente problema con Einstein: algunas veces asegurando que le gustó mucho cuando lo oyó de uno de sus alumnos, otras lo describen como el creador del mismo y otras como un personaje del propio problema. En cualquier caso, tenga o no tenga relación con el científico, es un buen problema y a continuación lo reproducimos para que tengas ocasión de intentar resolverlo. Dice así:

> Dos profesores se encuentran por la calle después de cierto tiempo de no verse y se ponen a hablar de sus respectivas familias:
>
> —Por cierto, ¿cuántos años tienen ya tus tres hijas? —pregunta uno de los dos.
>
> —Pues resulta que el producto de sus edades es 36 y su suma, casualmente, es igual al portal de la casa donde vives.
>
> Después de reflexionar un rato, el que ha preguntado contesta:
>
> —Con lo que me has dicho no es suficiente, dame algún dato más.
>
> —Tienes razón —contesta el otro—. Me había olvidado de decirte que la mayor toca el piano.

¿Serás capaz de resolver el problema determinando las edades de las tres hermanas?

Intenta resolver el problema por ti mismo. A continuación tienes una pista por si no sabes por dónde empezar y, justo después, encontrarás la solución, que te recomiendo que solamente consultes después de intentar resolver el problema durante el tiempo suficiente.

Pista: intenta encontrar todos los grupos de tres números naturales que al ser multiplicados den como resultado 36. Una vez los tengas todos, solamente uno de ellos podrá ser la solución al problema. Intenta determinar cuál de ellos es.

Solución: solamente hay 8 grupos formados por 3 números naturales que al ser multiplicados den como resultado 36. Son los siguientes:

a) 1, 1, 36 (38)
b) 1, 2, 18 (21)
c) 1, 3, 12 (16)
d) 1, 4, 9 (14)
e) 1, 6, 6 (13)
f) 2, 2, 9 (13)
g) 2, 3, 6 (11)
h) 3, 3, 4 (10)

Entre paréntesis aparece la suma de las tres edades. Si el profesor que pregunta por las edades viviese en algunos de estos números: 38, 21, 16, 14, 11 o 10 ya tendría el problema resuelto y no pediría más datos. Si lo hace es porque vive en el número 13 y duda acerca de cuál de las dos tripletas es la correcta. Para poder terminar de decidirse dice que le falta un dato y cuando su amigo le responde que la mayor toca el piano descarta la solución 1, 6, 6, ya que en este caso no hay hermana mayor. Así, las tres hermanas solamente pueden tener 2, 2 y 9 años respectivamente.

Espero que, como a mí, el problema te haya parecido ingenioso.

IX. GEOMETRÍA APLICADA

81 / 100

LAS CÓNICAS Y SUS APLICACIONES

Las curvas cónicas son aquellas curvas que surgen al intersecar un cono circular con un plano. Según la posición relativa del cono y el plano aparecerán unas curvas u otras (no consideraremos el punto y la recta). Estas curvas son: la circunferencia, la elipse, la parábola y la hipérbola.

La primera definición de *cónica* se sitúa alrededor del año 1000 y los nombres de *hipérbola*, *parábola* y *elipse* los debemos al matemático Apolonio de Perga.

A continuación describiremos un poco más detalladamente estas cuatro curvas y analizaremos los lugares en los que se utilizan o aparecen.

La circunferencia. Como se puede ver en la primera figura, la circunferencia surge al cortar un cono por medio de un plano perpendicular a su eje. También podemos definir la circunferencia como el conjunto de puntos equidistantes a otro punto que llamaremos *centro*. Los lugares en los que se utilizan los círculos y las circunferencias son

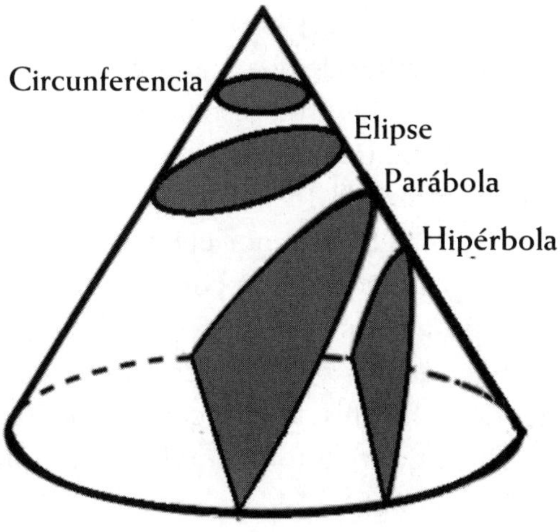

prácticamente infinitos, por ejemplo: CD y DVD, bicicletas (ruedas y engranajes), monedas, objetivos de cámaras, relojes, señales de tráfico, marcas en los campos de juego...

La elipse. Como también se puede ver en la primera figura, la elipse surge al cortar un cono por medio de un plano que forme con su eje un ángulo superior al del propio cono. También se puede definir la elipse como el conjunto de los puntos que cumplen que la suma de sus distancias a otros dos puntos llamados *focos* es constante. Aunque es menos conocida que la circunferencia, también son muchos los sitios en los que la podemos encontrar y las aplicaciones en las que se utiliza: órbitas de los planetas, engranajes elípticos, óptica y propagación de ondas, marcos de fotos... Unas de las propiedades que la hace especialmente útil es que cualquier onda que salga de uno de sus focos llega siempre al otro después de "rebotar" en la elipse. Este hecho hace que, si desde un foco emitimos una onda de sonido, ésta se concentre en el otro foco. Si allí tenemos un cálculo (piedra), por ejemplo, ésta se puede llegar a convertir en arena, de forma que pueda ser mucho más fácilmente expulsada por el paciente (a esta técnica se la conoce con el nombre de *litotripsia*).

La parábola. Si el plano por el que cortamos el cono es paralelo a la generatriz del mismo, obtenemos una parábola. También la podemos definir como el conjunto de puntos que equidistan de una recta y otro punto que no pertenece a la propia recta llamado *foco*. Podemos encontrar la parábola en la trayectoria de cualquier objeto que tiremos hacia arriba y hacia delante a la vez, como puede ser, por ejemplo, una pelota de baloncesto en su camino hacia el aro. Una de las propiedades más útiles de una parábola es que cualquier recta perpendicular a su recta generatriz se refleja pasando siempre por el foco. Esta propiedad tiene una doble utilidad: conseguir concentrar los rayos del sol o las ondas de TV y conseguir de esta forma un horno solar o una antena parabólica, por ejemplo. Y también se puede utilizar justo de la forma inversa, para conseguir dirigir en línea recta los rayos que salen de una bombilla en el foco de un coche, por ejemplo. Otros sitios en los que las podemos encontrar son: los cables que aguantan los puentes colgantes, las trayectorias de los proyectiles, el agua que sale de un surtidor, la forma de los telescopios, detectores de radar y reflectores luminosos...

La hipérbola. La última de las cónicas de las que queremos hablarte es la hipérbola. Surge al cortar un cono por un plano que forme un ángulo menor que el del propio cono. Más exactamente, podemos definir una hipérbola como el conjunto de los puntos tales que la diferencia entre las distancias a otros dos puntos llamados *focos* es constante. Las encontramos, por ejemplo, en la forma de las torres de enfriamiento de las centrales nucleares, son la base de los sistemas de navegación como puede ser el Loran y también se utilizan en engranajes hiperbólicos...

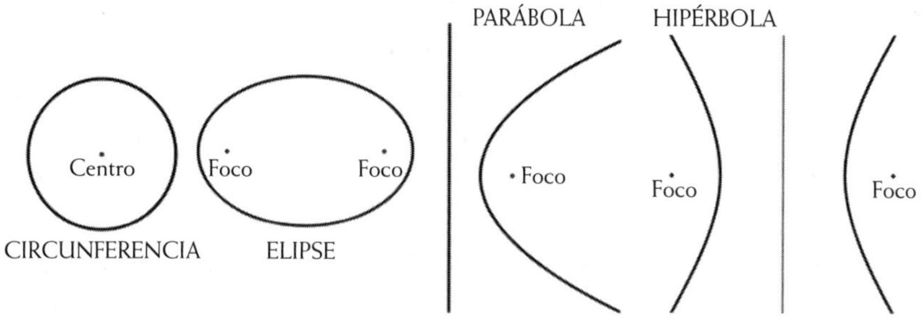

82 / 100

EL TEOREMA DE PICK, OTRA FORMA DE CALCULAR SUPERFICIES DE FIGURAS PLANAS

Todos recordamos, de nuestro paso por la escuela, algunas fórmulas que, según cuál fuera la figura geométrica que estuviéramos estudiando, nos ayudaban a calcular su área. Como parece evidente, cada figura tenía su fórmula. Pero, ¿sería posible encontrar una única fórmula que nos permitiera calcular el área de cualquier polígono simple (sin lados no consecutivos que se corten)? La respuesta es afirmativa bajo ciertas condiciones y viene de la mano del teorema de Pick:

> Sea un polígono simple con vértices con coordenadas enteras. Si B es el número de puntos enteros sobre el borde, I el número de puntos enteros en el interior del polígono, entonces, el área A del polígono se puede calcular mediante la siguiente fórmula:

$$A = I + \frac{B}{2} - 1$$

Debemos esta fórmula a Georg Alexander Pick (1859-1942), que la descubrió en 1899. Desgraciadamente, este matemático judío murió en el campo de concentración de Theresienstadt.

Pongamos tres ejemplos para entender mucho mejor el funcionamiento de la fórmula. Calcularemos la superficie de las figuras F1, F2 y F3 por medio de la fórmula y, si quieres, te puedes entretener recalculando estas superficies utilizando las fórmulas clásicas que te han enseñado en la escuela para ver que no falla:

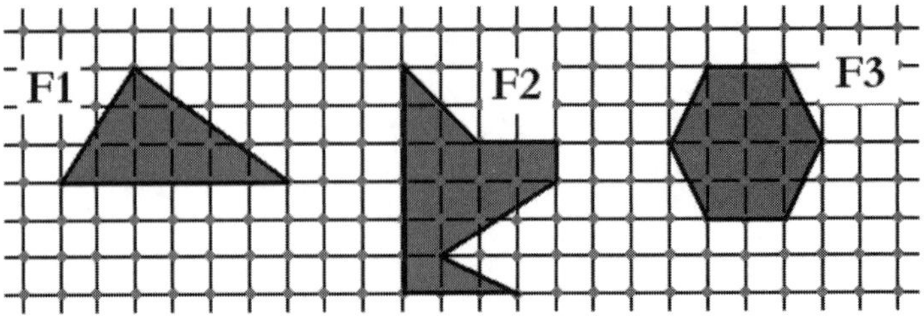

Figura	*I (puntos en su interior)*	*V (puntos sobre el borde)*	$I+\frac{V}{2}-1$
F1	6	8	$6 + 8/2 - 1 = 9u^2$
F2	6	16	$6 + 16/2 - 1 = 13u^2$
F3	9	8	$9 + 8/2 - 1 = 12u^2$

83 / 100

¿CÓMO LLENAR CORRECTAMENTE MEDIA COPA?

Antes de empezar, haremos una prueba. En la siguiente figura aparece una copa de forma cónica. Supón que eres un camarero o una camarera y el cliente te pide que se la llenes hasta la mitad. ¿Hasta qué marca se la llenarías tú? ¿Hasta la tercera? ¿O mejor hasta la segunda? Antes de continuar, escoge tu marca teniendo en cuenta que puedes señalar cualquier punto entre el 0 y el 5 (incluso puedes escoger puntos intermedios entre dos números).

Intentemos utilizar la geometría para contestar a la pregunta y saber exactamente hasta dónde se debería llenar la copa.

Dado que ni el ángulo ni las dimensiones de la copa afectan al resultado (esto te lo tendrás que creer o comprobarlo utilizando unas cuantas copas diferentes), consideraremos que el cono que forma la copa tiene 5 cm de radio y 10 cm de altura. El volumen de un cono viene dado por la siguiente fórmula:

$$V=\frac{1}{3}A_b\cdot h=\frac{1}{3}\pi R^2\cdot h$$

Por lo tanto, podemos calcular su volumen sin demasiados problemas:

$$V=\frac{1}{3}\pi\cdot 5^2\cdot 10\approx 261{,}8\,cm^3$$

Si lo que queremos es que haya media copa llena, el volumen deberá ser de 130,9 cm^3.

Veamos, entonces, hasta qué altura (h') tenemos que llenar la copa para obtener este volumen. Dado que el radio mide la mitad que la altura, el nuevo radio medirá h'/2, de donde se deduce lo siguiente:

$$130{,}9=\frac{1}{3}\pi\left(\frac{h'}{2}\right)^2 h' \Rightarrow 130{,}9=\frac{1}{3}\pi\,\frac{(h')^3}{4} \Rightarrow h'=\sqrt[3]{\frac{130{,}9\cdot 12}{\pi}}\approx 7{,}94\ cm$$

Es decir, aunque no lo parezca, el camarero tendrá que llenar la copa hasta la marca número 1 (aproximadamente un 80% de la altura total).

84 / 100

¿CÓMO REPARTIR UN PASTEL DE FORMA JUSTA?

Juan y María se quieren repartir un pastel que les ha regalado su abuelo, pero no se terminan de poner de acuerdo en cómo hacerlo. Cuando su madre empieza a oír que la discusión está subiendo de tono, decide intervenir dándoles una solución original y práctica: "Juan dividirá el pastel en dos partes y María escogerá una de las dos".

Como decíamos, la solución es práctica y eficiente, porque Juan se esforzará al máximo para que las dos partes sean idénticas, ya que, si le queda una parte más grande que la otra, María comerá más pastel que él mismo. Y María también quedará satisfecha porque podrá escoger la parte que considere mayor.

Pero, ¿sería posible implementar un método parecido en el caso de que, en lugar de dos hermanos, haya tres?

La respuesta es afirmativa. Veamos un método que nos permitirá repartir un pastel en tres partes de forma que cada uno de los beneficiarios quede satisfecho con la parte que le toque.

Para fijar ideas, llamaremos Ana, Blas y Carlos a los tres hermanos. Así, los tres pueden seguir la siguiente estrategia:

a) Ana cortará el pastel en dos partes iguales.

b) Blas escogerá una de las dos partes y Ana se quedará la otra.

c) Los dos, Ana y Blas, dividirán sus trozos en tres partes que considerarán que son iguales.

d) Carlos cogerá una de las tres partes de cada hermano.

e) Ana y Blas se quedarán con los dos trozos que ha dejado Carlos.

Repartido así, los tres hermanos quedarán satisfechos con la porción que les ha tocado.

Otro algoritmo que también resuelve el problema es el conocido como *Cuchillo móvil*. Veamos en qué consiste:

Se sitúa el cuchillo en el extremo izquierdo del pastel y, lentamente, se va moviendo hacia la derecha. Cualquiera de los tres hermanos puede gritar "¡Para!" en el momento en el que considere que a la izquierda ha quedado una tercera parte del pastel. El primero que dé la orden de parar, se queda con esa parte del pastel. Los otros dos hermanos se repartirán la parte de pastel que queda utilizando el método anterior o siguiendo con el algoritmo del cuchillo móvil.

La ventaja que tiene este último método es que sirve para repartir un pastel entre un número cualquiera de personas, así no es necesario que sean dos o tres las personas que intervengan en el reparto.

Finalmente, solamente nos queda decirte que, según el gran divulgador Ian Stewart, el método del cuchillo móvil fue inventado por Leonard Dubins y Edwin Spanier en 1961.

85 / 100

BALONES DE FÚTBOL: ACERCÁNDONOS A LA ESFERA

Los balones de fútbol no son más que un intento de acercarnos a la esfera a partir de piezas planas de cuero. A continuación veremos dos posibles soluciones estudiando a qué figura geométrica se corresponden y si, en su volumen, están próximas o no a la esfera.

El balón clásico de fútbol es el que puedes ver en la figura 1. Matemáticamente, es un icosaedro truncado, denominado así porque se origina al cortar los vértices de un icosaedro (poliedro regular formado por 20 triángulos equiláteros). Está formado por 32 caras (20 hexágonos y 12 pentágonos), tiene 90 aristas y 60 vértices de forma que en cada vértice concurren 2 hexágonos y un pentágono. Si suponemos que este poliedro está inscrito en una esfera, ocupa el 86,74% de la misma, con lo que podemos medir esta idea poco concreta de parecerse a una esfera. Además, en el caso de los balones, al ser inflados llegan a casi el 95%, por lo que pueden rodar sin ningún problema.

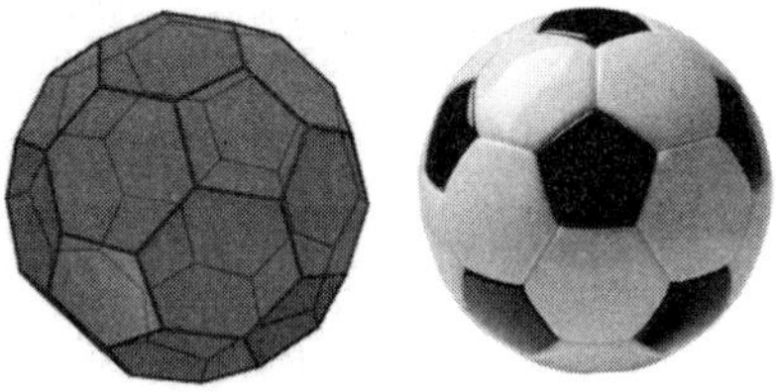

Figura 1. Icosaedro truncado y balón.

Debemos añadir que el balón de fútbol no es el único sitio donde podemos encontrar el icosaedro truncado. Existe una molécula con 60 átomos de carbono que también toma esta forma, la misma que ha servido a algunos arquitectos para construir cúpulas para sus edificios.

Siguiendo con los balones, el poliedro anterior no es el único que ha sido utilizado para este propósito: el rombicosidodecaedro (figura 2) es otro claro ejemplo. Este poliedro está formado por 12 pentágonos, 30 cuadrados y 20 triángulos. Así, resulta que esta figura tiene un total de 60 vértices y 120 aristas. Este poliedro se aproxima todavía más a la esfera que el anterior, ya que incluso sin inflar ya ocupa más de su 90%. Y, si este poliedro es más próximo a la esfera, te debes estar preguntando por qué no se utiliza de forma mayoritaria para fabricar balones en perjuicio del icosaedro truncado. La respuesta es fácil: aunque es físicamente más parecido a una esfera, el coste de producir un balón con esta forma es mucho más alto, ya que contiene muchas más caras (62 frente a las 32 del primero) y, por lo tanto, muchas más costuras. En este caso, la economía vence a las matemáticas.

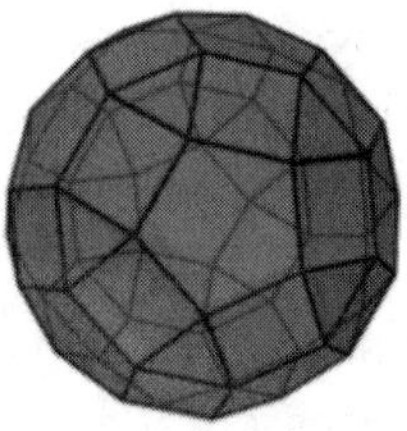

Figura 2. Rombicosidodecaedro.

Para terminar, debemos añadir, ya huyendo de los poliedros, que las empresas Adidas o Nike han fabricado nuevos modelos de balón como, por ejemplo, el utilizado en la final del Mundial de 2006.

86 / 100

EL CINTURÓN DE LA TIERRA

A continuación te proponemos un experimento y tú deberás escoger entre dos posibles respuestas. ¡A ver si eres capaz de acertar la correcta!

Supón que rodeamos una pelota de baloncesto con una cuerda. Ajustaremos perfectamente la cuerda a la pelota y lo haremos por una circunferencia máxima (para que nos entendamos, situaremos la cuerda sobre el "ecuador" de la pelota). Cuando la tengamos perfectamente colocada, añadiremos un metro de cuerda. Es evidente que en este momento la cuerda ya no se ajustará a la pelota, quedará una cierta distancia entre la pelota y la cuerda.

Supón que hacemos lo mismo con la Tierra. Cogeremos una cuerda muy larga y con ella rodearemos la Tierra siguiendo el ecuador (para hacerlo, necesitaremos un poco más de 40.000 km de cuerda). Una vez tengamos la cuerda perfectamente ajustada a la Tierra, como ya hemos hecho en el caso de la pelota, añadiremos un metro de cuerda. Es evidente que en este caso ya no se ajustará perfectamente, es decir, entre la cuerda y la Tierra quedará un pequeño espacio.

La pregunta que te hacemos es la siguiente: ¿En cuál de los dos casos quedará más espacio entre la cuerda y el objeto, en el caso de la pelota o en el caso de la Tierra? ¿A ti qué te parece?

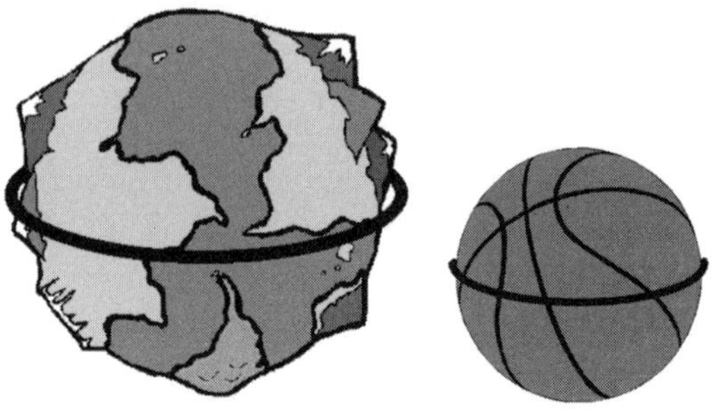

Pues, aunque parezca imposible, quedará la misma distancia entre la Tierra y la cuerda que entre la pelota y la cuerda. Veámoslo.

Supongamos que tenemos una cuerda bien ajustada a una esfera, de radio r, por uno de sus círculos máximos (como puede ser el ecuador, por ejemplo). En este caso, la longitud de la cuerda será $L = 2\pi r$.

Si añadimos un metro a la cuerda, tendremos una nueva longitud de $2\pi r + 1$. Veamos a qué distancia de la superficie inicial quedará esta segunda cuerda. Para ello calcularemos el nuevo radio r':

$$r' = \frac{2\pi r + 1}{2\pi} = r + \frac{1}{2\pi}$$

La diferencia entre los radios nos dará la distancia a la que queda la cuerda, que, como ya se ve, es independiente de que la cuerda envuelva la pelota o la Tierra.

$$D = r' - r = \frac{1}{2\pi} \approx 0{,}1592 \text{ m}$$

En resumen, y aunque vaya contra la más básica intuición, si añadimos un metro a la cuerda que envuelve la pelota y a la que envuelve la Tierra, la cuerda quedará a poco menos de un palmo de las dos superficies.

87 / 100

LAS CURVAS MÁS FAMOSAS

Es cierto que, si tuviéramos que hablar de las curvas más famosas, en general tendríamos que hablar de las de Gisele Bündchen o cualquier otra modelo más joven, pero lo dejaremos para otras publicaciones, aquí nos dedicaremos a estudiar algunas de las curvas más famosas en el campo de las matemáticas.

Dejaremos de lado las cónicas, ya que tienen un capítulo propio en este libro, y nos centraremos en otras un poco menos conocidas pero igualmente importantes:

Cicloide. Para describir esta curva nos tendremos que imaginar un punto luminoso en la cubierta de una rueda de bicicleta. Si hacemos girar la rueda sin deslizamiento sobre una carretera plana, la curva que describirá este punto será una cicloide. ¿Te imaginas cómo es esta curva? La puedes ver en la primera figura que aparece al final del capítulo. La cicloide tiene dos propiedades curiosas. La primera es que es una curva braquistócrona. ¡No te asustes! Significa que, si queremos construir una rampa para soltar una pelota que vaya desde el punto A hasta un punto más bajo, B, situado en el mismo plano lo más rápidamente posible, la rampa deberá tener forma de cicloide invertida. Y la segunda es que es una curva tautócrona. ¡No te vuelvas a asustar! Significa que, si dejamos caer dos pelotas desde puntos diferentes de una cicloide invertida (y, por lo tanto, desde dos alturas diferentes) y aunque pueda parecer imposible, las dos llegarán a la vez al punto más bajo de la curva.

Hipocicloide. Si en lugar de hacer girar la rueda anterior sobre una recta la hacemos girar dentro de otra circunferencia mayor, obtenemos la hipocicloide.

Epicicloide. Finalmente, si hacemos girar la rueda por fuera de una circunferencia mayor, obtendremos la epicicloide.

Catenaria. En más de una ocasión hemos oído hablar de la catenaria del tren, pero ¿nos hemos parado nunca a pensar cómo es esta curva y cómo surge? La curva catenaria es la que se forma al colgar un hilo, una cuerda o una cadena por sus dos extremos. La historia de esta curva ha sido larga y complicada, porque es muy fácil de confundir con una parábola. La utilidad más importante que tiene está relacionada con el arco catenario que surge al invertir la curva y que consigue transmitir la presión hasta los cimientos sin componentes laterales. Con este tipo de arco no es necesario utilizar refuerzos laterales. De hecho, es uno de los arcos más utilizados en la obra del genial arquitecto Antoni Gaudí (colegio de las Teresianas, casa Batlló, casa Milà o la cripta de la colonia Güell).

Lemniscata, el símbolo del infinito. La lemniscata ('cinta' en griego) es la curva descrita por la siguiente ecuación en coordenadas cartesianas: $(x^2 + y^2)^2 = 2a^2(x^2 - y^2)$, pero lo que la hace más famosa es su forma de infinito. Esta curva fue descrita por primera vez por Jacob Bernoulli en 1694 y es una modificación de la elipse. Recordemos que una elipse se puede definir como el conjunto de puntos tales que la suma de la distancia de los puntos de la curva a los dos focos es constante. De forma parecida se puede definir la lemniscata como el conjunto de los puntos tales que el producto de las distancias a los dos focos es constante. Su forma es parecida al analema, la curva que describe la posición del Sol en el cielo si se observa a la misma hora del día y desde el mismo lugar.

Ya has visto, pues, como hay curvas tan interesantes o más que las de algunas modelos.

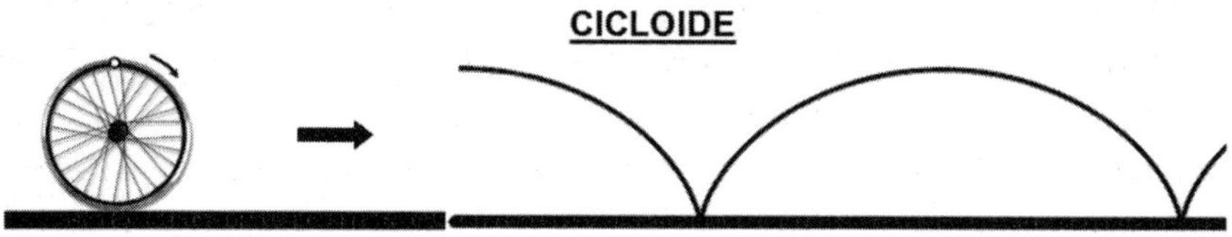

Figura 1.

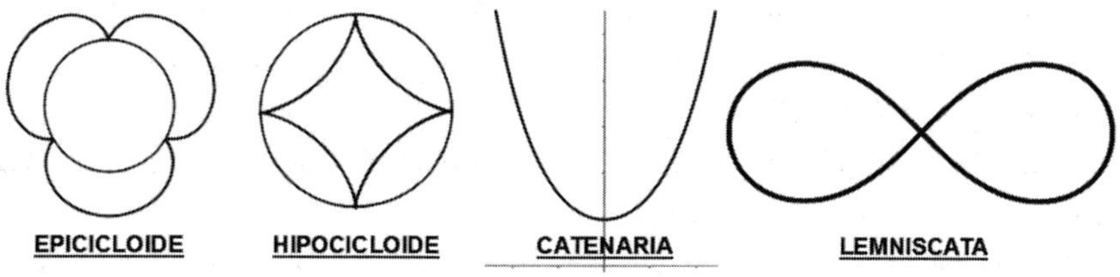

Figura 2.

88 / 100

UNA PARADA EN EL CAMINO: MAGIA MATEMÁTICA

Aunque pueda parecer lo contrario, existen algunos trucos de magia basados en las matemáticas utilizando las propiedades de los números. A continuación veremos tres ejemplos.

Primero te planteamos un juego en el que tú deberás hacer lo que se te proponga y al final acertaremos el resultado que habrás obtenido.

1) Sigue los siguientes pasos hasta obtener el resultado final:

a) Escribe tu número preferido.

b) Multiplica el número anterior por tu edad (años enteros).

c) Suma al anterior resultado el número del portal de tu casa.

d) Resta al resultado el número de amigos que tienes. Si resulta que tienes muchos amigos y la resta te da negativa, súmalos en lugar de restarlos.

e) Multiplica el número obtenido en el paso anterior por 18 y suma las cifras del resultado. Si la suma todavía tiene más de una cifra, vuelve a sumar las cifras hasta obtener un número de una sola cifra.

f) Repite mentalmente el número obtenido y lo podrás encontrar al final del capítulo.

2) Sigue las siguientes instrucciones como lo has hecho en el juego anterior:

a) Escribe el año de tu nacimiento.

b) Escribe el año que tú consideres que ha sido el mejor de tu vida.

c) Escribe los años que habrás cumplido cuando acabe el presente año.

d) Escribe los años que habrán pasado (al terminar el año actual) desde el mejor año de tu vida.

Cuando hayas escrito estos cuatro números, súmalos y concéntrate en el resultado final.

Al final del capítulo podrás encontrar el resultado que has obtenido.

3) Sigue las siguientes instrucciones:

a) Escribe dos números naturales (no decimales y positivos): N1 y N2.

b) Súmalos para obtener un tercer número N3 = N1 + N2.

c) Suma el segundo número con el tercero para obtener un cuarto número: N4 = N2 + N3.

d) Ve repitiendo el procedimiento hasta obtener el décimo número.

e) Divide el décimo número entre el noveno: N10:N9 y redondea el resultado de forma que obtengas tres cifras decimales.

f) Piensa en el resultado obtenido y lo podrás encontrar al final del capítulo.

Resultados:

1) El resultado obtenido después de la lista de cálculos es 9.

2) El resultado obtenido después de la lista de pasos es el doble del año en el que estés leyendo este libro.

3) El resultado es 1,618.

En cualquier caso, recuerda: no es magia, ¡son matemáticas!

X. DE TODO UN POCO…

89 / 100

DISCALCULIA, LA DISLEXIA MATEMÁTICA

La discalculia es una dificultad en el aprendizaje de las matemáticas equivalente a la dislexia (dificultad en la lectura que imposibilita una correcta comprensión de lo que se lee). Este trastorno se manifiesta con la dificultad que presenta quien la padece para comprender y hacer cálculos matemáticos. En algunos casos puede ir acompañada de dificultades en la lectoescritura o déficits de atención. Si el trastorno es innato, genético o de desarrollo se llama *discalculia*, mientas que si es debido a una lesión cerebral se llama *acalculia*.

Se tiene constancia de este tipo de dificultad desde, al menos, el año 1949.

El primer síntoma que presenta un afectado por este trastorno es la dificultad para saber decir, sin contarlos, cuántos objetos tiene delante en casos pequeños. De hecho, como elemento de supervivencia, muchos animales tienen esta capacidad, la cual les permite saber si el número de los depredadores que tienen delante es suficientemente pequeño para poder enfrentarse a ellos o si deben salir corriendo. Durante los primeros años de vida, somos capaces de distinguir, a primer golpe de vista, entre 1 y 3 objetos, mientras que cuando ya somos adultos podemos percibir hasta 5 o más.

Pero aquellos niños y niñas que presentan discalculia no pueden distinguir tantos objetos o tardan más tiempo en contarlos. Otros síntomas que suelen presentar son la dificultad para leer relojes analógicos y para distinguir el mayor entre dos números (en los casos más extremos), dificultades con la aritmética, incapacidad para entender planificaciones financieras o presupuestos, dificultades en la lectura musical, dificultades en la estimación de medidas, incapacidad para recordar conceptos o fórmulas matemáticas, exceso de sensibilidad al ruido, el olor o la luz, confusión en el nombre de las personas, errores en la transcripción de los números que han sido dictados, necesidad de contar con los dedos, dificultades para hacer estimaciones y en el uso de números grandes...

El diagnóstico se realiza a partir de los resultados obtenidos en las evaluaciones neuropsicológicas, donde, además de evaluar la capacidad numérica y de cálculo, se evalúan otras funciones, como la memoria, la atención y las capacidades visuales, perceptivas y espaciales, además de las funciones ejecutivas.

Una vez diagnosticado el trastorno, el tratamiento pasa por seguir unos consejos básicos, como pueden ser reforzar el concepto numérico más elemental con ejercicios que refuercen el uso de relaciones cuantitativas, plantear actividades y juegos que necesiten procesos de razonamiento para acercarse al concepto numérico de forma lúdica, hacer ejercicios que consoliden los símbolos numéricos básicos y sus relaciones, resolver todo tipo de problemas, intentar que los conceptos sean lo menos abstractos posible, dar todo el tiempo necesario para completar las actividades evitando que éste sea un problema más...

90 / 100

LA FÓRMULA MATEMÁTICA MÁS BELLA

En más de una ocasión se ha dicho que la fórmula matemática más bella es la siguiente:

$$e^{i\pi} + 1 = 0$$

¿Pero qué tiene esta igualdad que no tengan las demás? ¿Por qué se dice de ella que es la más bella?

La razón es que contiene cinco de los números más importantes. Veámoslos:

Número e. Se trata de un número irracional (no puede ser expresado como cociente de dos números enteros), siendo así un número de infinitas cifras decimales que no se repiten periódicamente. También se sabe que es un número trascendente (es decir, no se puede obtener como solución de ninguna ecuación algebraica con coeficientes racionales).

Parece ser que fue descubierto por Jacob Bernoulli al estudiar un problema de interés compuesto.

A continuación puedes ver las primeras 100 cifras de este número:

e = 2,718281828459045235360287471352662497757247093699959574966967627724076630353547594571382178525166427...

De la misma forma que el número π tiene gran importancia en geometría, el número e es muy importante en el cálculo, ya que la función $f(x) = e^x$ tiene como derivada la propia función, es decir, $f'(x) = e^x$, y este hecho hace que aparezca como solución de muchas ecuaciones diferenciales que marcan el comportamiento de muchos sistemas físicos. También aparece al describir fenómenos eléctricos, electrónicos, biológicos (en el crecimiento de las células, por ejemplo) o químicos (en concentraciones de iones y períodos de semidesintegración), por ejemplo.

Número i. En 1777 Leonhard Euler dio este nombre, i, a un número que, en principio, no existía: $i = \sqrt{-1}$ (hasta el momento, el cuadrado de cualquier número siempre daba un resultado positivo y, por lo tanto, no era posible plantearse qué número podía dar –1 al ser elevado al cuadrado). Así, la letra i que lo simboliza representa el hecho que es un número que no existe, que es imaginario. Algunas de sus aplicaciones las podemos encontrar en ingeniería electrónica, donde se utiliza para representar de forma adecuada señales periódicas variables. También es útil en mecánica cuántica, relatividad especial, relatividad general, ecuaciones diferenciales y fractales, aunque la explicación queda fuera de las pretensiones de este libro.

Número 1. Como bien sabes, el número 1 es considerado en aritmética y cálculo el número natural que sigue al 0 y precede al 2. Es el elemento neutro de la multiplicación de los números enteros, reales y complejos. Más en general, en álgebra abstracta es el elemento neutro del producto. No es considerado un número primo. En informática es un número fundamental, ya que, junto con el 0, forma el sistema binario, clave en el mundo tecnológico.

Para saber algo más de los números 0 y π puedes consultar los capítulos "Del 0 al 9, 10 números importantes (I)" y "El número pi y su dígito 2.000 billones".

91 / 100

LOS CUADRADOS MÁGICOS, LOS PRECURSORES DE LOS SUDOKUS

Un cuadrado mágico es una tabla cuadrada donde se sitúan un conjunto de números (normalmente enteros y, más concretamente, del 1 al n^2) tales que, si sumamos los de cualquier fila, de cualquier columna, o de las dos diagonales principales, obtenemos siempre el mismo resultado. Al resultado obtenido se le llama *constante mágica*. Veamos un ejemplo con constante mágica 15:

2	7	6
9	5	1
4	3	8

La historia de los cuadrados mágicos es antigua. Las primeras noticias que se tienen de ellos datan del tercer milenio a. C. en la antigua China. A partir de ahí han sido estudiados por indios, egipcios, árabes y griegos. Su introducción en Occidente se sitúa hacia el siglo XIV d. C., cuando Manuel Moschopoulos explica por primera vez en un tratado cómo pueden construirse. Después de esto, matemáticos de la talla de Stifel, Fermat, Pascal, Leibniz y Euler, entre otros, los estudiaron, aunque no les dieran ninguna utilidad práctica. En la siguiente figura puedes ver tres cuadrados mágicos de orden 4, 5 y 6.

4	14	15	1
9	7	6	12
5	11	10	8
16	2	3	13

Cuadrado mágico de orden 4 con constante mágica 34.

11	24	7	20	3
4	12	25	8	16
17	5	13	21	9
10	18	1	14	22
23	6	19	2	15

Cuadrado mágico de orden 5 con constante mágica 65.

6	32	3	34	35	1
7	11	27	28	8	30
19	14	16	15	23	24
18	20	22	21	17	13
25	29	10	9	26	12
36	5	33	4	2	31

Cuadrado mágico de orden 6 con constante mágica 111.

Es evidente que si partimos de un cuadrado mágico y sumamos el mismo valor a todos sus elementos seguirá siendo mágico aunque su constante varíe. También se mantendrá la magia si multiplicamos todos los valores del cuadrado por un mismo número no nulo.

En 1693, Simon de Loubère publicó la obra *New historical relation of the Kingdom of Siam*, en la que aparecía un método (el método siamés) que permitía construir cuadrados mágicos de orden impar.

Debido a un cierto misticismo, los cuadrados mágicos han sido muy estudiados y se han obtenido gran variedad de resultados: técnicas para construir cuadrados mágicos de orden múltiplo de 4, de orden múltiplo de 4 más 2, cuadrados diabólicos, el cuadrado ultramágico, el cuadrado mágico de Euler, estrellas mágicas, hexágonos mágicos...

Para acabar, te presentamos dos cuadrados mágicos famosos. Uno de ellos aparece en la obra de Alberto Durero *Melancolía I*, de 1514, y el otro aparece en la fachada de la Pasión de la famosa Sagrada Familia de Barcelona. En el caso de la obra de Durero, la constante mágica es 34 y en los dos cuadrados centrales de la fila inferior aparece el año en que fue hecha. Y, en referencia al cuadrado mágico que aparece en la Sagrada Familia, no es tan perfecto porque repite los números 10 y 14, pero su constante mágica es 33, la edad a la que murió Cristo.

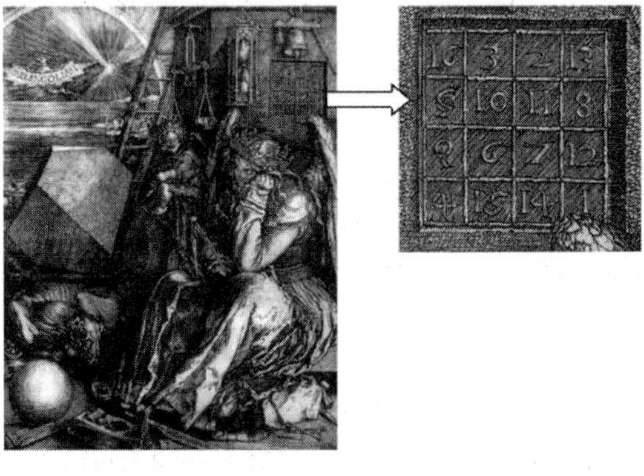

Figura 1. Melancolía I *y cuadrado mágico ampliado.*

Figura 2. Cuadrado mágico en la Sagrada Familia de Barcelona.

92 / 100

PARADOJAS Y OTRAS SORPRESAS MATEMÁTICAS

Según el diccionario, la palabra *paradoja* tiene más de una acepción. La que a nosotros nos sirve es la que hace referencia a la filosofía, lógica y matemática: "Enunciado o razonamiento que lleva a dos conclusiones mutuamente contradictorias pero de las cuales no se puede prescindir." Resumiendo, podríamos decir que una paradoja es una proposición o frase verdadera pero que lleva a una contradicción lógica o a una situación que va contra el sentido común. Por ejemplo, la frase "Esta frase es falsa" es una paradoja, porque si esta frase fuera cierta tendría que ser falsa, pero si la frase fuese falsa tendría que ser cierta. Otro ejemplo, dado por Bertrand Russell, nos habla del único barbero de un pueblo que solamente afeita a todos aquellos ciudadanos que no se afeitan a sí mismos. ¿Se podrá afeitar este barbero? Dejaremos que el lector llegue a sus propias conclusiones.

Hay muchas paradojas y de muchos tipos, pero nuestra intención es presentar algunas paradojas relacionadas con las matemáticas. Aquí las tienes:

Demostración que 2 = 1.

Para demostrarlo, partiremos de dos números iguales $x = y$ e iremos aplicando operaciones matemáticas que nos llevarán al resultado $2 = 1$.

$x = y$

$x^2 = xy$ (multiplicando por x cada miembro)

$x^2 - y^2 = xy - y^2$ (restando y^2 a cada miembro)

$(x + y)(x - y) = y(x - y)$ (aplicando una identidad notable a la izquierda y extrayendo factor común a la derecha)

$x + y = y$ (simplificamos por $(x - y)$ cada miembro)

$2y = y$ (como $x = y$, entonces $x + y = 2y$)

$2 = 1$ (simplificamos cada miembro por y)

El menor entero positivo que no se puede definir con menos de quince palabras.

Con menos de 15 palabras podemos escribir muchas cosas: la capital de Francia, *Hamlet*, y, entre ellas, números: dos millones, cuatro mil trescientos cincuenta, etc. Pero, atendiendo a que el número de palabras es finito, resulta evidente que el conjunto de números enteros que se pueden escribir con menos de quince palabras también tiene que ser finito. Consideremos que N es el mayor número entero positivo que no se puede describir con menos de quince palabras. Analicemos así la siguiente frase: "El menor entero positivo que no se puede definir con menos de quince palabras" tiene catorce palabras. Entonces, este número que, en principio, no podía ser definido con menos de quince palabras ¡ha sido definido con menos de quince palabras!

Parece ser que esta paradoja también fue enunciada por Bertrand Russell, que la atribuyó a G. G. Berry, un bibliotecario que se la propuso. El problema de esta frase radica en la autorreferencia, es decir, la frase hace referencia a sí misma.

Para terminar, te presentamos una paradoja geométrica: hemos colocado las tres piezas del puzle que puedes ver a continuación intercambiando las dos piezas superiores. Son las mismas piezas, pero si cuentas el número de niños que hay en una y otra te llevarás una sorpresa. ¿Sabrás descubrir qué ha pasado?

Dibujo de Miquel Capó Caules.

93 / 100

ESCOGIENDO ACERTADAMENTE EN UNA VARIANTE DEL CONCURSO *LA VOZ*

Hace relativamente poco se puso de moda un concurso musical llamado *La Voz*. Simplificando un poco, el concurso consiste en que cuatro capitanes (cantantes famosos) tienen que escoger a los concursantes de los que serán mentores sin verlos, solamente oyéndolos (para así no dejarse influenciar por la apariencia física).

Alterando un poco el funcionamiento del concurso, supongamos que somos uno de estos capitanes y que, después de la actuación de cada uno de los cantantes, debemos decidir si nos quedamos con él o si lo rechazamos para siempre, sin posibilidad de oír, antes, a todos los demás candidatos.

Si sabemos que solamente hay diez candidatos, ¿nos pueden ayudar las matemáticas a saber cuándo debemos quedarnos con un candidato o hasta cuándo debemos esperar?

Si nos quedamos con el primero, es muy posible que dejemos fuera al mejor de los diez, pero si somos muy estrictos podríamos llegar al décimo concursante sin haber elegido ninguno y, en este caso, nos lo tendríamos que quedar nos gustara o no (algo parecido les pasa a aquellas personas muy estrictas eligiendo pareja). Como siempre, las matemáticas acuden a nuestro rescate.

Lo que está claro es que, si escogemos uno de los diez candidatos al azar, la probabilidad de escoger el mejor es de 1 entre 10, es decir, solamente el 10% de las veces nos quedaríamos con el mejor. Y lo mismo pasará si esperamos demasiado y nos tenemos que quedar con el último. Así, pues, nuestra aspiración es mejorar este 10%.

Lo que también es evidente es que, a medida que vamos oyendo candidatos, podemos saber cuál era el mejor de los que hemos visto hasta el momento, aunque ya lo hayamos descartado. La mejor estrategia que nos pueden ofrecer las matemáticas es descartar a N candidatos y, después, escoger el primero que supere al mejor de los N candidatos descartados. Ahora solamente nos queda determinar cuál es este N, es decir, cuántos aspirantes debemos descartar antes de escoger al que supere los vistos anteriormente. La probabilidad soluciona la cuestión determinando que debemos descartar el 37% de los candidatos antes de escoger al que supere al mejor de los descartados. En nuestro caso, deberíamos descartar cuatro cantantes y plantarnos en el momento en que se nos presente un cantante mejor que los cuatro que no hemos querido.

Para acabar, solamente nos queda decir que este problema es tan famoso que tiene nombre propio, se le suele llamar "El problema del secretario" o "El problema del matrimonio". Parece ser que fue publicado por primera vez en 1960 por el gran Martin Gardner en la revista *Scientific American*.

Su resolución matemática queda un poco alejada de las pretensiones de este libro, pero me gustaría añadir que el número de candidatos exacto a descartar antes de empezar a plantarnos es $\frac{1}{e}\cdot 100$, que equivale, aproximadamente, al 36,79%.

94 / 100

VICTORIA ASEGURADA: JUEGOS CON ESTRATEGIA GANADORA

Hay juegos de todo tipo: físicos, con tablero y fichas, individuales, por parejas, para grupos... Y entre todos estos juegos existe un grupo que, aunque alguno de los dos jugadores no lo sepa, están predestinados a que solamente uno de los dos jugadores gane (en el caso en que el jugador que tiene opción de ganar siempre sea consciente de ello y el otro no, podríamos considerarlo una trampa). Estos juegos se llaman *juegos con estrategia ganadora.* Veamos algunos ejemplos:

El círculo de monedas. El juego consiste en hacer un círculo de monedas como el que se puede ver en la figura 1. Una vez situadas estas monedas, los dos jugadores podrán retirar del círculo una o dos monedas, pero en caso que sean dos deberán estar juntas (no pueden estar separadas por otra moneda o por un espacio que haya quedado vacío). Ganará quien se quede la última moneda o las dos últimas. Si puedes elegir, ¿qué preferirías, empezar o ser el segundo en jugar? Pues bien, es conveniente ser el segundo en participar. Veamos por qué. Cuando el primer jugador haya eliminado una o dos monedas, quedará un arco de circunferencia con 10 u 11 monedas. Si el segundo jugador saca también una o dos monedas opuestas a las que ha eliminado el primer jugador, quedarán dos arcos idénticos y a partir de este momento el segundo jugador solamente deberá copiar lo que haga el primero. Si el primero encuentra alguna moneda que pueda eliminar, también podrá hacerlo el segundo. Así, siempre ganará el segundo jugador. Otra vez las matemáticas, por medio de la simetría, le ayudarán a ganar.

La torre. En este caso, el juego se desarrollará sobre un tablero de ajedrez. En la esquina superior izquierda se situará una torre y en la casilla inferior derecha tendremos la meta (figura 2). Cada jugador podrá hacer un movimiento de la torre consistente en moverla las posiciones que quiera hacia la derecha o hacia abajo (nunca hacia atrás ni hacia la izquierda) y nunca se podrá dejar de mover. Ganará el jugador que consiga llevar la torre hasta la meta. ¿Preferirías empezar o ser el segundo en mover? Como en el anterior caso, este juego tiene una estrategia ganadora para el segundo jugador. Bastará que en cada movimiento el segundo jugador lleve la torre sobre la diagonal que une la casilla de salida con la meta. Así, este segundo jugador se asegura que será él quien gane la partida. Intenta jugar unas cuantas veces y te convencerás de que es así.

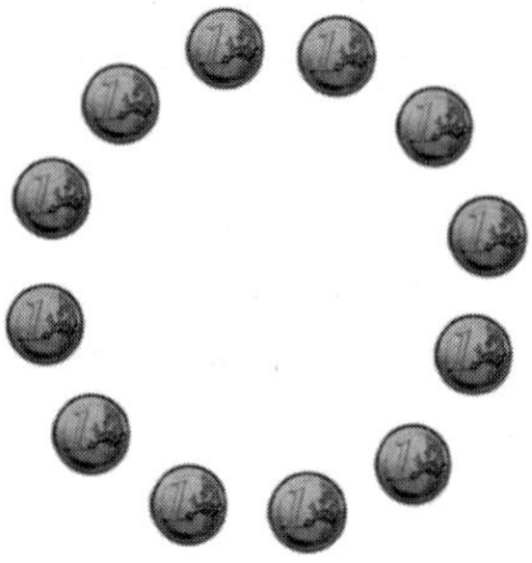

Figura 1.

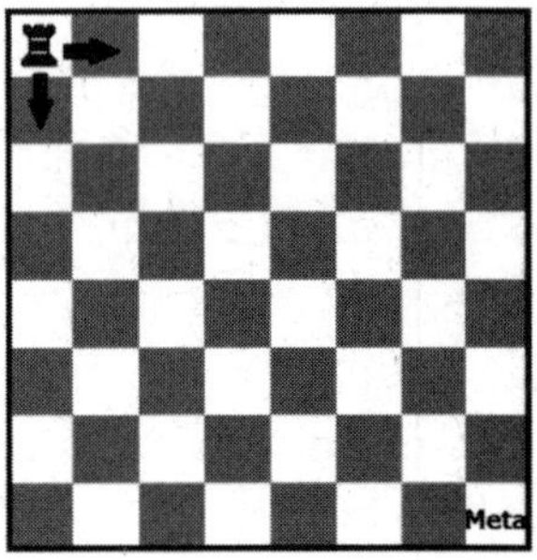

Figura 2.

Las 50 monedas. El juego consiste en poner sobre la mesa 50 monedas. Alternativamente, los dos jugadores irán quitando de la mesa 1, 2, 3, 4, 5 o 6 monedas. Perderá quien coja la última moneda, mientras que el ganador se quedará todas las monedas. ¿Sabrías cómo jugar para ganar siempre? ¿Es preferible empezar o ser el segundo en jugar? La respuesta es que también es mejor ser el segundo en jugar. Para ganar, en cada jugada, el segundo jugador completará las monedas que haya cogido el primero hasta llegar a tener, entre los dos, 7 monedas. Así, si el primer jugador coge una moneda, el segundo deberá coger 6; si el primero coge 2, el segundo deberá coger 5, y así sucesivamente. Dado que en cada par de jugadas el número de monedas que tendrán entre los dos será un múltiplo de 7, después de jugar la séptima ronda quedará una sola moneda sobre la mesa, moneda que se quedará, siempre, el primer jugador.

En resumen, ya has visto que hay juegos que, aunque puedan parecer muy inocentes y justos, realmente esconden una estrategia ganadora para uno de los dos participantes, que siempre podrá beneficiarse del desconocimiento del otro. Otra vez, la reflexión y el estudio detallado de los casos y las situaciones que siempre nos proponen las matemáticas pueden ayudarnos a no ser engañados.

95 / 100

LAS ECUACIONES MÁS ÚTILES DE LA HISTORIA

Una ecuación es una igualdad entre dos expresiones algebraicas. Básicamente, podemos distinguir dos tipos de ecuaciones: aquellas consistentes en una igualdad entre variables donde el mérito está en demostrar que siempre es válida y aquellas, ampliamente tratadas en nuestra etapa escolar, consistentes en una igualdad entre expresiones algebraicas que solamente es cierta para determinados valores de las incógnitas que aparecen, valores a los que llamamos *soluciones*.

En este capítulo pretendemos tratar el primer tipo de ecuaciones viendo las que han sido más importantes para el desarrollo de la ciencia actual. Cualquier clasificación es discutible, por lo que pido disculpas de antemano si a alguien le falta o le sobra alguna de las ecuaciones de la lista. Mis propuestas son las siguientes:

Leyes de Maxwell. Son cuatro ecuaciones que describen por completo los fenómenos electromagnéticos:

Ley de Gauss: $\vec{\nabla} \cdot \vec{E} = \frac{\rho}{\varepsilon_0}$

Ley de Gauss para el campo magnético: $\vec{\nabla} \cdot \vec{B} = 0$

Ley de Faraday: $\vec{\nabla} \times \vec{E} = -\frac{\partial \vec{B}}{\partial t}$

Ley de Ampère generalizada: $\vec{\nabla} \times \vec{B} = \mu_0 \vec{J} + \mu_0 \varepsilon_0 \frac{\partial \vec{E}}{\partial t}$

Son utilizadas para entender las relaciones electromagnéticas y necesarias para radares, televisión y comunicaciones modernas.

Fórmula de Einstein de la equivalencia entre materia y energía: $\mathbf{E=m \cdot c^2}$

Explica el comportamiento de objetos que viajan a grandes velocidades. Introdujo la idea de la dilatación del tiempo.

Teorema de Pitágoras. Un triángulo es rectángulo si, y solamente si, $a^2 = b^2 + c^2$, donde a es la hipotenusa del triángulo y b y c, sus catetos. Es básico para la trigonometría, la creación de mapas y la navegación, entre otras cosas.

Ley de la gravitación universal de Newton. La fuerza ejercida entre dos cuerpos de masas m_1 y m_2 viene dada por $F=G\frac{m_1 m_2}{r^2}$, donde F es el módulo de la fuerza ejercida entre los dos cuerpos y su dirección se encuentra sobre el eje que une los dos cuerpos. G es la constante de gravitación universal. Fue básica para descubrir la existencia de Plutón y es utilizada para poner satélites en órbita, por ejemplo.

La fórmula de Euler: $e^{i\pi} + 1 = 0$ (ver el capítulo "La fórmula matemática más bella").

Las fórmulas del perímetro y el área de una circunferencia: $L = 2\pi r$; $A = \pi r^2$

La fórmula para resolver una ecuación de segundo grado: $x=\frac{-b \pm \sqrt{b^2-4ac}}{2a}$

Ley de Napier (el descubridor de los logaritmos): $e^{\ln N} = N$

Serie de Fourier: $f(t)=\sum_{n=-\infty}^{\infty} c_n e^{i \cdot n \cdot t}$

Es una herramienta matemática básica para analizar perturbaciones ondulatorias complicadas mediante sumas de ondas sinusoidales. Se utiliza en la compresión jpeg de imágenes y es básica en telecomunicaciones y en análisis de la señal, por ejemplo.

Fórmula de Euler para los poliedros: $C + V = A + 2$

Nos muestra como las caras, los vértices y las aristas de un sólido no son independientes, sino que están relacionadas de una forma simple. Aunque sus aplicaciones son indirectas, ayuda a entender cómo las enzimas actúan sobre el ADN en una célula y por qué el movimiento de los cuerpos en el espacio puede llegar a ser caótico.

Para acabar, debemos añadir que en los años setenta en Nicaragua se editó una colección de diez sellos con las ecuaciones matemáticas que fueron consideradas más importantes (algunas coinciden con las de nuestra lista). Aquí tienes un par de ellos:

96 / 100

LAS DEMOSTRACIONES, LOS PILARES DE LAS MATEMÁTICAS

Como debes de saber, en matemáticas no se acepta ningún resultado que no haya sido demostrado previamente. Es decir, para dar por válida una afirmación, ésta debe resultar de un conjunto de razonamientos lógicos que partan de una determinada colección de hipótesis (ideas o resultados que se dan por ciertas). En resumen, podemos decir que una demostración matemática es un razonamiento realizado a partir de la lógica que se asienta en unas cuantas ideas que se dan por ciertas, las hipótesis, y que va avanzando hasta llegar a mostrar la certeza de la tesis formulada. A estas ideas de las que se parte se las llama *axiomas* (resultados que se consideran evidentes y no necesitan demostración), o bien son teoremas (resultados demostrados con anterioridad).

Hay diferentes tipos de demostraciones, entre ellas encontramos la demostración por contraposición (si tenemos que demostrar que p implica q, a veces es más fácil ver que si no pasa q no puede haber sucedido p), la demostración por reducción al absurdo (en este caso se considera cierto lo contrario de lo que se pretende demostrar y después de un conjunto de razonamientos lógicos y ciertos se llega a una contradicción con lo que se ha supuesto al principio o bien a un disparate) y, especialmente en el caso de resultados referidos a números naturales, la inducción (consistente en demostrar que el resultado es cierto para un elemento y que si es cierto para un elemento lo es para el siguiente. De esta forma automáticamente resulta cierto para todos los elementos que siguen al primero).

A modo de ejemplo, veremos dos demostraciones muy famosas, las dos hechas por reducción al absurdo:

Existe un número infinito de números primos. Son muchas las demostraciones de este hecho. En este capítulo veremos la que es, probablemente, la más antigua, la de Euclides (325 a. C – 265 a. C). Este matemático utilizó la demostración por reducción al absurdo. Supuso que existía un número finito de números primos $\{p_1, p_2, \ldots, p_n\}$. Entonces construyó el número $n = p_1 \cdot p_2 \cdot \ldots \cdot p_n + 1$. Este número es claramente más grande que cualquiera de los números primos. Dado que, por la suposición hecha inicialmente, no puede ser un número primo, alguno de los p_i debe ser un divisor suyo. Así, este número primo p_i divide a la vez a n y a $p_1 \cdot p_2 \cdot \ldots \cdot p_n$, pero esto es imposible, porque $n - p_1 \cdot p_2 \cdot \ldots \cdot p_n = 1$. Esta contradicción solamente puede venir del hecho de suponer que el conjunto de números primos es finito. Por lo tanto, la lista debe ser infinita. Q. E. D. (*Quod erat demostrandum*, "Lo que se quería demostrar", frase latina con la que se acostumbraba a terminar las demostraciones hechas).

$\sqrt{2}$ es un número irracional. El descubrimiento de los irracionales por parte de los pitagóricos los hizo titubear un poco. Según su percepción, todo el Universo se podía explicar por medio de los números enteros y las relaciones entre estos números, pero el hecho de descubrir magnitudes que no se pueden expresar utilizándolos les desmontó sus esquemas, de forma que al principio quisieron esconder su existencia. Para demostrar que el número $\sqrt{2}$ es un número irracional también utilizaremos la reducción al absurdo. Supondremos, de entrada, que $\sqrt{2}$ es un número irracional que se puede poner en forma de fracción irreducible:

$$\sqrt{2} = \frac{p}{q} \underset{\text{elevado al cuadrado}}{\Longrightarrow} 2 = \frac{p^2}{q^2} \Rightarrow 2q^2 = p^2$$

Así se puede ver que p^2 tiene que ser múltiplo de 2, pero si p^2 es múltiplo de 2 también lo tiene que ser p. Así, sabemos que $p = 2k$ para un determinado k. Partiendo de la igualdad que teníamos y substituyendo, tenemos:

$$2q^2 = p^2 \Rightarrow 2q^2 = (2k)^2 \Rightarrow 2q^2 = 4k^2 \Rightarrow q^2 = 2k$$

Así que hemos obtenido que q^2 también es múltiplo de 2 y, por lo tanto, q también debe serlo. Pero en este punto hemos llegado a una contradicción, ya que la fracción p/q no sería irreducible porque se podría simplificar entre 2. Esta contradicción solamente puede venir del hecho de haber supuesto que $\sqrt{2}$ era racional. Q. E. D.

Para terminar, nos podemos preguntar si en el campo de las matemáticas ya está todo demostrado. La respuesta es negativa. Hay muchos resultados que se suponen ciertos pero todavía nadie ha sido capaz de demostrar, lo que hasta aquel momento se llamará *conjetura*. De hecho, los matemáticos somos tan estrictos que, aunque de un resultado se hayan podido comprobar millones de casos concretos, no aceptamos su validez hasta que no vemos una demostración general.

97 / 100

EL PROBLEMA DE LANGFORD

El problema de Langford surgió en los años cincuenta, cuando el matemático escocés C. Dudley Langford vio cómo su hijo jugaba con unos bloques de colores. Los había situado de la siguiente manera (los números los hemos añadido nosotros):

Amarillo	*Rojo*	*Azul*	*Rojo*	*Amarillo*	*Azul*
3	1	2	1	3	2

Es decir, entre los dos bloques rojos había situado un solo bloque, entre los dos azules había colocado dos bloques y entre los dos amarillos había situado tres. Inmediatamente pensó en cambiar los colores por números y estudiar una posible generalización del problema. Lo que descubrió primero es que la solución que había encontrado su hijo era la única posible para el caso de 3 parejas de bloques (exceptuando la simetría, claro).

A continuación se planteó qué pasaría con cuatro pares de números. Es decir, ¿sería posible hacer lo mismo con los números 1, 1, 2, 2, 3, 3, 4 y 4? Y, en caso de ser posible, ¿cuántas soluciones tendría el problema?

Pues, en este caso y como pasaba en el anterior, la solución también es única: 4, 1, 3, 1, 2, 4, 3, 2.

Lo que resulta más curioso es que, si tenemos cinco o seis pares de números, el problema no tiene solución.

En general, el problema solamente tiene solución si al dividir el número de parejas entre 4 se obtiene 0 o 3 como resto de la división. Al dividir 4 entre 4 obtenemos 0 como resto, por lo que el problema tiene solución. En los casos de tener 5 o 6 parejas, el resto es 1 y 2, por lo tanto, estos dos casos no tienen solución. Por ejemplo, si tuviéramos 20 parejas de números, los podríamos colocar como lo hacía el hijo del matemático porque al dividir 20 entre 4 obtenemos una división exacta (otra cosa es que fuéramos capaces de hacerlo).

De hecho, aquí tienes una solución para 7 parejas (que tiene solución, ya que al dividir 7 entre 4 obtenemos 3 como resto):

Para acabar, en la siguiente tabla puedes ver el número de soluciones que tiene el problema en función del número de cubos que queramos colocar:

Número de pares	1	2	3	4	5	6	7	8
Número de soluciones	0	0	1	1	0	0	26	150
Número de pares	9	10	11	12	13	14	15	16
Número de soluciones	0	0	17.792	108.144	0	0	39.809.640	326.721.800

98 / 100

LOS PROBLEMAS DEL MILLÓN DE DÓLARES O CÓMO HACERSE RICO RESOLVIENDO PROBLEMAS

En una reunión celebrada en el Collège de France de París el día 24 de mayo de 2000, el Instituto Clay de Matemáticas de Cambridge, Massachusetts (CMI), instauró un premio de un millón de dólares para quien resolviera alguno de los siete problemas que habían escogido. Los problemas en cuestión eran los más difíciles a los que las matemáticas del nuevo milenio se habían enfrentado.

Estos problemas fueron escogidos por el Consejo Científico Asesor fundador del CMI después de haberse reunido con los principales expertos de todo el mundo.

De hecho, uno de los siete problemas, la hipótesis de Riemann, que fue formulada en 1859, ya era uno de los 23 problemas que en 1900 propuso David Hilbert para ser resueltos durante el siglo XX.

A continuación enunciaremos la lista de estos siete problemas pero, como es evidente, la comprensión y explicación de sus enunciados queda muy alejada de la pretensión de este libro. Encontrarás más información en los enlaces que aparecen al final del capítulo.

P versus NP. Los problemas P (polinómicos) son aquellos que se pueden resolver en un "tiempo razonable" y los problemas NP son aquellos en los cuales se puede comprobar en un "tiempo razonable" si la solución es válida. Está claro que un problema P es NP, porque si se puede resolver en un tiempo razonable, comprobar una solución no supondrá más tiempo que resolverlo.

Lo que se pregunta esta conjetura formulada en 1971 es si existe algún problema NP que no sea P.

La conjetura de Hodge. Esta conjetura dice que todo ciclo de Hodge es una combinación racional de ciclos algebraicos, es decir, de los ciclos asociados a subvariedades analíticas cerradas. Ufff...

La conjetura de Poincaré. Dice que toda variedad de dimensión 3 cerrada y simplemente conexa es homeomorfa a la esfera de dimensión 3.

Atención, si quieres intentar obtener el millón de dólares demostrando esta conjetura has llegado tarde. El día 18 de marzo de 2010 el Instituto Clay anunció que el matemático Grigori Perelman, de San Petersburgo, Rusia, la había demostrado y, por lo tanto, a él iría a parar el millón de dólares. Debemos añadir, para acabar, que Perelman no aceptó el millón de dólares ni el "Nobel" de las matemáticas, la medalla Fields. Consideró que el hecho de haber demostrado esta importante conjetura era un premio suficiente. Además, parece ser que vive muy humildemente con su madre. Algunas personas pueden creer que se trata de otro excéntrico matemático, pero a mí me parece simplemente admirable.

La hipótesis de Riemann. La hipótesis de Riemann asegura que todos los ceros "no triviales" de la función zeta de Riemann tienen como parte real 1/2.

La conjetura de Birch y Swinnerton-Dyer. Esta conjetura relaciona datos aritméticos asociados a una curva elíptica E sobre un cuerpo numérico K con el comportamiento de la Función L de Hasse-Weil L(E,s) de E en s = 1.

Ecuaciones de Navier-Stokes. Las ecuaciones de Navier-Stokes modelizan el movimiento de fluidos incompresibles. Lo que se propone en este caso es demostrar la existencia de soluciones diferenciables para cualquier valor aceptable de condiciones iniciales.

Existencia de Yang-Mills y el salto de masa. Se trata de un problema relacionado con la física y pide encontrar un modelo matemático que satisfaga los axiomas de la teoría cuántica de campos, conocida como *teoría de Yang-Mills*.

Siento la complejidad de los enunciados de las conjeturas, pero es evidente que si se pudieran comprender y resolver mucho más fácilmente no se ofrecería un millón de dólares para su resolución.

Así que ya lo sabes, si quieres hacerte rico y famoso, será suficiente con que resuelvas alguno de los seis problemas que todavía quedan por resolver. ¡Ánimo!

CLAY
MATHEMATICS
INSTITUTE

Para ampliar la información acerca de este capítulo, puedes consultar las siguientes referencias:

http://www.claymath.org/millennium/
http://mimosa.pntic.mec.es/jgomez53/matema/promilenio.htm

99 / 100

PARA SEGUIR PENSANDO: PROBLEMAS A LA ESPERA DEL GENIO QUE LOS RESUELVA...

Además de los problemas del millón de dólares, hay muchos otros problemas matemáticos que todavía están a la espera de algún genio que los resuelva. Sirvan de ejemplo los siguientes:

La conjetura de Goldbach. En 1742, el matemático Christian Goldbach (1690-1764) enunció una conjetura que desde ese momento lleva su nombre: "Todo número par mayor que 2 se puede escribir como suma de dos números primos".

Ejemplos de esta afirmación son: 4 = 2 + 2; 10 = 3 + 7; 14 = 3 + 11...

Actualmente se ha podido comprobar que todo número inferior a $4 \cdot 10^{18}$ = 4.000.000.000.000.000.000 cumple la conjetura, pero, como ya te hemos explicado, para los matemáticos esto no es suficiente. ¿Quién nos asegura que otro número todavía mayor podrá ponerse como suma de dos números primos?

Esta conjetura ha inspirado el libro *El tío Petros y la conjetura de Goldbach*, libro muy recomendable si te gustan las matemáticas.

La conjetura de los números primos gemelos. Se dice que un par de números primos son gemelos si solamente los separa un número entero. Por ejemplo, 11 y 13 son gemelos porque los dos números son primos y solamente los separa un número, el 12. Pues bien, esta conjetura asegura que existe un número infinito de números primos gemelos. Como en el caso de la conjetura anterior, de momento ya se ha demostrado que los números $2.003.663.613 \cdot 2^{195.000} - 1$ y $2.003.663.613 \cdot 2^{195.000} + 1$ son un par de primos gemelos, pero ¿quién nos asegura que esta lista no se termina en un determinado par?

La conjetura de Collatz o 3n+1. Para empezar, te proponemos un experimento: escoge un número cualquiera y, en caso que sea par, divídelo por dos, pero si es impar multiplícalo por tres y súmale una unidad. Repite el procedimiento explicado con el número resultante. Para que entiendas mejor el procedimiento, a continuación tienes un par de ejemplos, el primero empezando por 6: 6, 3, 10, 5, 16, 8, 4, 2, 1. Y el segundo empezando por 11: 11, 34, 17, 52, 26, 13, 40, 20, 10, 5, 16, 8, 4, 2, 1. Pues bien, esta conjetura asegura que, empieces por el número que empieces, siempre terminarás con el número 1. De hecho, en algunas ocasiones se llega a la unidad en pocos pasos (como pasa cuando empezamos por 4, por ejemplo) y en otras ocasiones se llega al mismo resultado después de muchos pasos (como, por ejemplo, empezando por 27, con el que son necesarios 112 pasos), pero lo que siempre ocurre (hasta lo que sabemos actualmente) es que siempre terminamos con el número 1. Como en las demás conjeturas, ya se ha visto que se cumple para todos los números menores que una cantidad muy grande (2^{58} en este caso), pero nadie puede asegurar que pasará lo mismo para cualquier número por grande que sea.

Los números perfectos. Un número se llama *perfecto* si la suma de sus divisores propios coincide con el propio número. Por ejemplo, el número 6 es perfecto porqué D(6) = {1,2,3,6} y 1 + 2 + 3 = 6. Y lo mismo pasa con el número 28, D(28) = {1,2,4,7,14,28} y 1 + 2 + 4 + 7 + 14 = 28.

Pues bien, hay un par de conjeturas acerca de los números perfectos. La primera es la que asegura que hay un número infinito de estos números. De momento se han descubierto 48, pero no se ha demostrado que haya un número infinito de ellos. La segunda conjetura relacionada con estos números es la que asegura que no hay ningún número perfecto impar. De momento, se sabe que no hay ningún número perfecto impar menor que $10^{1.500}$, pero ¿quién nos asegura que no hay uno esperándonos después de los 1.500 ceros que tiene el número anterior?

Otros problemas no resueltos son la existencia de infinitos números primos de Mersenne, el problema de Sierpinski, la conjetura abc, el problema inverso de Galois...

Y, hace poco, se han demostrado: el teorema de los cuatro colores (encontrarás más información en el capítulo "¿Cuántos colores necesitamos para pintar un mapa? El teorema de los cuatro colores"), la conjetura de Poincaré, la conjetura de Catalan, la conjetura de Kepler, el último teorema de Fermat...

Para acabar, solamente nos queda desear que este capítulo pronto se tenga que titular: "De conjetura a teorema".

100 / 100

ESTO ES TODO, AMIGOS. PERO VOSOTROS PODÉIS SEGUIR: DIVULGACIÓN MATEMÁTICA

Como bien dice el título, no sé si afortunadamente o desgraciadamente para ti, esto se ha acabado. Después de 99 cuestiones matemáticas donde hemos podido ver muchas de las aplicaciones y curiosidades de las matemáticas, nos tenemos que despedir. Como ya os decíamos en el prólogo, para mí ha sido todo un placer escribir un libro como este. Con que tú hayas disfrutado un 3,141592...% de lo que lo he hecho yo escribiéndolo, ya habrá merecido la pena.

Si no he conseguido interesarte o más bien te he aburrido, te pido, sinceramente, disculpas. Nada más lejos de mi intención.

Si he conseguido interesarte un poco por las matemáticas y te gustaría seguir leyendo acerca de esta apasionante ciencia, la siguiente lista de libros te puede interesar (además de todos los que aparecen en el blog). Han sido escogidos por su vertiente más divulgativa y no tanto por su parte más matemática. Espero que encuentres alguno que sea de tu agrado:

Colección "El Mundo es Matemático". Editorial RBA. Actualmente se pueden comprar los libros por separado. Están escritos por los mejores matemáticos españoles y puedes escoger el tema que más te interese.

Colección de Adrián Paenza que empieza con el título *Matemática, ¿estás ahí?* Los podrás encontrar en Internet y, al menos el primero, está también publicado por RBA.

El lenguaje de las matemáticas. Keith Devlin. Editorial Robinbook. El libro hace un repaso en forma de narración clara y entendible por los temas matemáticos más importantes.

Álex en el país de los números. Un viaje al maravilloso mundo de las matemáticas. Álex Bellos. Editorial Grijalbo. Este libro ha tenido mucho éxito fuera de España. El autor habla de los principales conceptos matemáticos de una forma muy clara y amena.

Matemáticas de la vida misma. Fernando Corbalán. Editorial Graó. El profesor Corbalán es un clásico en los libros de divulgación matemática en España. Si quieres seguir viendo cómo puedes encontrar las matemáticas tan cerca como quieras, este libro es perfecto.

El libro de las matemáticas. 250 hitos de la historia de las matemáticas. Clifford A. Pickover. Cada página contiene un hito matemático importante hasta un total de 250. Se encuentran ordenados por fecha y lo que hace especial este libro es que cada tema viene acompañado de una magnífica fotografía a color del tamaño de una página entera. Si además te gusta la fotografía, no te lo puedes perder.

Historia de las matemáticas en los últimos 10.000 años. Ian Stewart. Editorial Crítica. Ian Stewart es otro de los clásicos mundiales en la divulgación de las matemáticas. Como en el caso del libro anterior, está plagado de imágenes que, aunque están en blanco y negro, lo hacen mucho más atractivo.

Para acabar, debo recomendar dos autores de los cuales no sabría con qué obra quedarme. El primero es Ian Stewart (matemático inglés nacido en 1945), los libros del cual son, sin excepciones, altamente recomendables, interesantes y completos.

Y el segundo, de casa y con el que no puedo ser objetivo (fue el profesor de la asignatura que más me gustó durante la carrera de Matemáticas, Didáctica de la Matemática), es Claudi Alsina. Cada una de sus obras es especial, interesante, inteligente y próxima. ¡Te animo a acercarte a su obra, no te arrepentirás!

Y, como ya te hemos dicho más de una vez, en el blog encontrarás gran cantidad de referencias que, seguramente, te serán útiles.

Así pues, ¡hasta siempre, gracias, salud y matemáticas!